装修施工
完全手册

尤呢呢　著

江苏凤凰科学技术出版社·南京

图书在版编目（CIP）数据

装修施工完全手册 / 尤呢呢著. —— 南京 ：江苏凤

凰科学技术出版社，2023.6（2024.11重印）

　ISBN 978-7-5713-3546-5

　Ⅰ. ①装… Ⅱ. ①尤… Ⅲ. ①室内装修－建筑施工－

技术手册 Ⅳ. ①TU767-62

　中国国家版本馆CIP数据核字(2023)第078952号

装修施工完全手册

著　　　者	尤呢呢	
项 目 策 划	凤凰空间／庞　冬	
责 任 编 辑	赵　研　刘屹立	
特 约 编 辑	庞　冬	

出 版 发 行	江苏凤凰科学技术出版社
出版社地址	南京市湖南路1号A楼，邮编：210009
出版社网址	http：//www.pspress.cn
总 经 销	天津凤凰空间文化传媒有限公司
总经销网址	http：//www.ifengspace.cn
印　　刷	河北京平诚乾印刷有限公司

开　　本	710 mm×1000 mm　1／16
印　　张	15.5
字　　数	248 000
版　　次	2023年6月第1版
印　　次	2024年11月第3次印刷

标 准 书 号	ISBN　978-7-5713-3546-5
定　　价	79.80元

图书如有印装质量问题，可随时向销售部调换（电话：022-87893668）。

序
Foreword

值得装修"小白"参考的装修启蒙读物

受制于诸多社会因素和经济因素，装修是一件费心耗神的事情，却又承载着每一个人的平凡日常以及对美好生活的期待。我们常说装修是一个项目，核心人员就是"项目经理"，而每一个经历装修的普通人都是在进行"跨行业"工作。

装修本身的难度已经很大，现实的阻力却更加复杂。如今，我们在网络上获取各种信息似乎更容易，比如一些装修知识干货、装修效果图、装修中的工艺细节等。但我们的学习过程其实就像盲人摸象，难以形成整体的、系统的认知。

在这样的情况下，我们能读到《装修施工完全手册》，是令人欣喜的。尤呢呢从自身的装修经验出发，通过记录、梳理装修全流程，并借助大量的实拍图和总结性表格，把装修（施工）这件事用自己独特的方式说清楚、讲明白。对装修"小白"来说，这是一本很值得参考的装修启蒙读物。

《装修施工完全手册》结构完整，也不乏各种细节，便于读者对装修这件事形成整体的认识。书中有切实有效的总结方法，避免读者仅接收基础信息，难以形成正确的判断；更有丰富的实拍素材和工具型图表，读者可以直接应用于自己的装修过程中，省去诸多麻烦。

很可贵的是作者的翔实记录和真诚的个人观点分享，这在偏理论的装修书籍里甚少出现。例如在第8章灯具设计、安装与智能家居设计部分的"以灯光为主的智能场景"中，作者介绍了自己家的智能灯光场景设计，分享了起夜场景下合适的灯光状态，同时提供了具体的操作方法和图表明细。这些智能化的生活场景以及可能会出现的问题，很多读者都会遇到，而这些翔实的记录和能提升居家体验感的解决方案，可以为读者提供实用可靠的参考。

　　作为家装行业的从业者，我们一贯认为家的核心是人，家居的本质是人文。无论是家装行业的人员还是普通装修业主，始终有着同样的目标——拥有更好的生活。

　　每一个为此目标付出努力的人，都值得诚挚感谢。

　　每一个家装修设计的阶段性完成，都值得欢欣鼓舞。

住范儿
2023 年 3 月

阅读这本书，帮你打好装修基本功

阅读可能是获取系统性装修知识最经济、最快捷的途径了，无论你是装修"小白"还是初入行的室内设计师，都可以带着这本书"防身"。它详细到可以直接作为一份装修验收清单，把书中提到的每个细节都研读一遍，你就能做到"手中有粮，心中不慌"，装修也就没那么难了。

装修中最难的是什么？我认为是甲乙双方（甲方：业主；乙方：独立设计师、装修公司或施工队）的有效沟通，再确切点说是甲乙双方存在对装修的认知偏差。甲方在找乙方的时候，往往是凭着"直觉"和"信任感"，乙方到底有多大的"本事"，甲方大概是无法分辨的。这本书可以作为业主学习装修施工基础知识的参考书，如果书里呈现的知识都可以悉数掌握，那么你的基本功就非常扎实了。

对乙方来说，能遇到理想的甲方也不是一件容易的事情。很多业主容易被几张不切实际的效果图"忽悠"，或者被不切实际的报价所迷惑，然后提出很多不切实际的设计要求。倘若业主认真阅读了这本书，就能体会到乙方在一些不起眼的地方做出的努力和牺牲，那么后期再跟乙方沟通时就会多些理解、少些误会，双方的交流也会顺畅许多。

装修是超低频的消费行为，装修知识本身也比较枯燥，很少有业主为了装修一套房子而耐着性子认真去读几本书的。网络上关于装修经验的分享非常多，但文章的质量却良莠不齐，业主很难分辨真伪，而且由于其"碎片化"的特性，也容易造成"顾头不顾尾"的窘境。这本书从业主的视角把整个装修流程以合适的深度和广度展示出来，真的是太难得了！

小白的装修设计

2023 年 3 月

一本装修施工避"坑"指南

装修是我们每个人或多或少都会经历的一件事,也是花钱较多的一项支出,整个装修过程中会有繁杂的工序和诸多细节,我们不可能也没必要去全部掌握。但如今家装市场鱼龙混杂,通过在网络上简单看几个视频或阅读几篇文章,很难保证你在整个装修过程中不被坑。不是所有的"坑"你都能第一时间发现,有些"坑"甚至是几个月或几年后你才会发现。

我想通过这本书把硬装过程中关于施工、验收的重点和注意事项都总结出来,一些读者难以理解的部分我也会整理成表格的形式。读者甚至无须阅读全文,仅需在表格上勾勾画画就能在装修过程中不出错、少踩"坑"。当读者看不懂表格内容时,也有相关的施工实景图或示意图作为参考。

本书总共分为9章,包括开工前的准备工作,拆改工程,水电工程,木工工程,瓦工工程,油工工程,卫浴洁具的选购与安装,灯具设计、安装与智能家居设计,定制家具的选材、设计与安装。附录部分我还总结了3个表格,分别是电器安装表、装修预算表和清工辅料表,进一步帮读者捋顺与硬装施工相关的知识。简单地说,希望大家读了这本书可以避开硬装施工中的大部分"坑"。

需要特别说明的是，书中还着重介绍了近几年出现的新型施工工艺，例如隐框门安装、胶铺地板、无踢脚线设计、微水泥施工以及各类预埋型材的安装等。希望这些内容能为你的装修提供更多灵感参考。

　　为了让本书的落地性和连贯性更强，我完整记录了自己新家装修的全流程，并且大胆应用了上面提到的新工艺。为了让图书内容更翔实、更准确，在写作过程中我找了相关行业的专业人士帮忙审读把关和提供图片，在此我也深表谢意。

尤呢呢

2023 年 2 月

目录
Contents

▶ 第1章
开工前的准备工作

认真罗列个人需求

装修前首先要确定的不是装修风格或施工方式，而是自己的居住需求。想要房子住得更舒心，一定要在装修前几个月就把自己的需求罗列出来，并不断修改完善。

为了防止大家后期遗漏，我将个人需求分为五个部分——基础需求、生活需求、收纳需求、电器需求和风格喜好，并整理成了表格。无论你是自己装修还是找设计师，只有明确了个人需求再动工，才能保证不返工。

1 基础需求

基础需求是指自己的基础信息，能确保大方向不跑偏，后期可以根据这个表格来继续完善和补充生活需求。这个表是所有后续设计的大纲，做预算和工期设计时也可以参考此表。

基础需求

基础数据	具体信息	备注
主人年龄		每个成员的年龄
常住人口		成员数量、成员关系、未来成员
兴趣爱好		每个成员的爱好
办公方式		在外上班 / 自由职业 / 家庭办公
房屋面积		建筑面积 / 实际使用面积
装修预算		总预算 / 硬装预算
入住时间		计划什么时候住进去？
居住年限		预计在这里会住几年？
特殊需求		适老化设计、私密空间

2 生活需求

随着人们生活理念的改变，各空间的功能不再像以往那么单调，每个人都会根据自己的生活习惯和居住理念来做改变。客厅不再单纯用来看电视，厨房也不再是充满油烟的封闭空间，卫生间也完全可以是宽敞明亮的干湿分离。

生活需求部分我也总结了一个表格，大家可根据自己的实际需求来填写。后期装修时可以根据表格来提取各种需求信息，设计完成后也可以通过这个表格核对是否有遗漏。

生活需求

功能需求	方式选择	实现空间	具体需求
居住需求	孩子独居 / 偶住人员 / 男女分房	全屋	
兴趣爱好	做手工 / 游戏 / 绘画 / 乐器 / 运动	阳台 / 多功能间 / 客厅	
会客需求	沙发的组合方式	客厅	
观影需求	电视机 / 投影仪 / 影音室	客厅 / 卧室 / 影音室	
用餐需求	用餐人数 / 用餐时间	餐厅 / 阳台 / 窗边	
烹饪需求	西厨 / 中厨 / 甜品	封闭式厨房 / 开放式厨房	
厨房电器	抽油烟机 / 洗碗机 / 烤箱 / 冰箱等	厨房 / 餐厅	
工作需求	独立书房 / 超大餐桌 / 阳台书桌	书房 / 餐厅 / 阳台	
洗漱需求	双台盆 / 双卫生间	卫生间	
洗浴需求	花洒 / 浴缸 / 干湿分离	卫生间	
化妆需求	梳妆台 / 全身镜	衣帽间 / 卧室 / 玄关	
洗衣需求	洗衣机 / 洗烘套装 / 晾晒区域	卫生间 / 阳台	
适老化设计	有 / 无	卫生间 / 卧室 / 走廊	
种植需求	绿植 / 花卉 / 果蔬	阳台 / 客厅 / 走廊	
宠物规划	猫 / 狗 / 鱼 / 鸟 / 虫	阳台 / 书房 / 客厅	
智能需求	全屋 / 灯光 / 安防	全屋	
书籍数量	很少 / 一般 / 很多	客厅 / 书房 / 走廊	
展示陈列	书架 / 陈列架	客厅 / 书房 / 走廊 / 玄关	
娱乐健身	开放空间 / 窗边地台	客厅 / 阳台	
其他需求	特殊需求	全屋	

3 收纳需求

想要入住后家里不乱，收纳设计至关重要。收纳并不是简单地把物品藏起来，或是在全屋打满柜子，或借助几个巧妙的收纳工具就可以，而应做到动线合理，可以随手取用，随手放回，否则拿个东西要走很远，用完后多半也不会再放回去。我把常见的收纳需求整理成下表，大家可以根据具体需求来调整。

收纳需求

空间	收纳物品	收纳方式	个人习惯
玄关	鞋子（户外鞋、拖鞋）	层板 / 活动层板 / 旋转鞋架	
	外套（长款外套）	挂杆	
	随手件（雨伞、钥匙、包包）	抽屉 / 层板	
餐厨空间	餐具（锅具、碗碟、刀叉筷子）	抽屉 / 层板	
	厨房电器（可移动、嵌入式）	嵌入 / 抽拉层板 / 层板	
	净水设备（前置过滤器、软水机、直饮水机）	柜体	
	食品（零食、果蔬、肉类）	抽屉 / 层板 / 拉篮 / 推车	
客厅	零食	层板 / 抽屉	
	各类杂物（药品、文件、纪念用品）	层板 / 抽屉	
	日常物品（文具、工具、针线）	层板 / 抽屉	
	电子产品（充电线、游戏机、耳机）	层板 / 抽屉	
	书籍（儿童、成人）、杂志、摆件	层板	
卧室 / 衣帽间	男士衣物、女士衣物	层板 / 挂杆 / 抽屉	
	首饰配饰（耳环、手镯、围巾）	层板 / 抽屉	
	行李箱	层板	
卫生间	日化用品（牙膏、护肤品、卫生纸）	层板 / 抽屉	
储物间	换季衣物	层板 / 挂杆	
	换季被褥（被子、四件套）	层板	
	各类杂物（风扇、梯子、露营物品）	层板	
阳台	清洁用品（吸尘器、洗地机、扫把）	层板 / 洞洞板 / 抽屉	
	清洁耗材（洗衣液、清洁膏）	层板 / 抽屉	

4 电器需求

随着我们生活水平的提高，家用电器成为日常生活中不可或缺的必需品，从客厅到厨房再到卫生间，每个家庭中少则也有10种电器。在装修前，就应该罗列大概的电器需求清单，以便施工时预留尺寸和位置。

电器需求

项目	产品	是否需要	尺寸	水电需求	具体位置	备注
基础	空调			—		中央 / 壁挂 / 立式
	新风系统			—		中央 / 壁挂
厨房	前置过滤器			下水		—
	反渗透净水器			上下水及电源		—
	软水机			上下水及电源		—
	管线机			净水及电源		—
	热水器			燃气、电源、水路		电热水器 / 燃气热水器
	抽油烟机及灶具			燃气、烟管、电源		是否为集成灶
	冰箱			电源		三门 / 法式 / 双开门 / 嵌入
	垃圾处理器			电源		—
	洗碗机			上下水及电源		嵌入式 / 独立
	蒸烤箱			16 A 电源		嵌入式 / 独立 / 分体
客厅	电视机			电源、HDMI 线		—
	投影仪			电源、HDMI 线		—
	幕布			电源		固定 / 升降
	音响			电源、音响线		—
卫生间	洗衣机			上下水及电源		—
	烘干机			下水及电源		一体 / 分体
	智能坐便器			上下水及电源		一体 / 分体
清洁类电器	扫地机器人			上下水及电源		—
	吸尘器			电源		—
环保类电器	除湿器			下水及电源		—
	加湿器			电源		—
智能类电器	摄像头			电源、网线		—
	智能窗帘			电源		—
	网关			电源		—
	开关			零火双线		—

5 风格喜好

如果你对自己的审美没有太大信心，则不建议装修伊始就直接确定具体风格。无论简约的北欧风、现代风，还是复杂的美式、法式风格，都需要有整体搭配能力和对细节的把控能力。如果前期没设计好，后期就很容易"翻车"。

最简单的办法就是直接在网络上或书上找你喜欢的图片做参考，做到所见即所得，避免"画虎不成反类犬"。

● 把自己喜欢的风格照片或有参考价值的图片整理好，方便随时查看

小贴士

自己装修的三点注意事项

第一，不要更改大面积的配色、装饰，有时简单更改墙面颜色或增加一个大型装饰物，就会打破居室整体的和谐度。

第二，同一空间内尽量不要混搭多种风格，如果达不到专业审美，混搭很容易变混乱。例如，在现代风格的家中用红木家具搭配欧式石膏线，并搭配深色地板，就谈不上美观。

第三，不必过于追求极简，很多时候简单的升级会导致预算大幅上涨，一定要量力而行。例如，你想墙面完全平整，就要冲筋找平或石膏板找平，而隐藏踢脚线则需要开槽或加木饰面。无论哪种方式，施工成本都比较高，一旦衔接不当，将会耗时、耗力、费钱。

选择适合自己的施工方式

梳理好自己的需求后，就要选择施工方式。本节从分包类型（清包、半包、全包）、施工方（散工、施工队、装修公司）和设计方（自己、装修公司、独立设计师）三个角度详细和大家聊聊不同施工方式的特点。

1 清包、半包、全包

无论你选择哪种施工方，分包方式都有三种——清包、半包和全包。

（1）清包

清包的施工方只负责施工，报价含人工费，例如拆改、水电、木工、瓦工、油工、材料及垃圾清运费，辅料和主材都由业主购买。这种方式业主的参与度最高，灵活度最大，理论上也更省钱。但普通业主不可能了解所有辅材，自己去买反而更贵，质量也不一定更好。

（2）半包

半包就是大家常说的包"清工辅料"，施工方提供人工和辅料，例如水电线管、水泥、石膏板等材料，注意合同中一定要明确辅料的品牌、型号。主材由业主购买，例如瓷砖、地板、卫浴洁具等。我最推荐半包，

因为辅料和施工都是同一方负责，一旦出现问题可以责任到人。

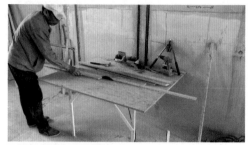
●半包负责施工和辅料

（3）全包

全包是人工、辅料以及主材都由施工方提供。个人不推荐这种方式，因为灵活度比较低。辅料品牌型号少，一般施工方提供的基本都能覆盖需求。但对于工作繁忙且对装修细节要求不高的业主来说，直接全包给装修公司是一个不错的选择。

清包、半包、全包对比

分包方式	特点	适合人群
清包	施工方只负责施工	精力充沛且口才过硬的业主
半包	施工方提供人工和辅料	对装修参与度和细节要求较高的业主
全包	施工方提供人工、辅料以及主材	工作繁忙且对装修细节要求不高的业主

2 散工、施工队、装修公司

分包方式确认后，就可以选择施工方了。施工方同样有三种选择，分别是散工（路边师傅）、施工队（工长）和装修公司。

（1）散工

散工的成本最低，毕竟没有中间商赚差价，但也是风险最高和最令人操心的方式，不仅需要业主找各工种的师傅，还需要协调师傅之间的施工时间和对接内容。尤其是协调时间，既担心师傅不来（约定时间不来），又担心师傅乱来（施工过程中乱来），还可能遇见临时加价、手艺不精等你无法预料的问题。

并不是说散工师傅就没有手艺好的，但大多手艺好的师傅都不缺活，所以你能找到的师傅很难是手艺好的。如果你真想自己找师傅，那么我有两个建议：一是新小区，一栋楼一栋楼地找师傅，直接看师傅的施工现场；二是老小区，通过主材商找师傅，主材商会有长期合作的师傅，为了保证自己产品的落地，他们找的师傅技术都有保证。

（2）施工队

相比一个个工种找师傅，找施工队就简单多了，只需要找一个工长。工长会帮你寻找并负责协调各工种，而且工长一般都有长期合作的师傅，相对来说更可靠。这种方式会稍微贵一点，但我觉得这个费用还是物有所值的。告诉你一个小技巧：可以找大公司的工长，因为有些大公司的施工是外包的，能在降低预算的同时保证施工质量。

（3）装修公司

一般来说，装修公司是三者中最贵的，但最省心。装修公司不仅可以帮你协调各个工种，还有质保。通常，越大的公司越稳定，费用也越高，而且还有额外的设计费、项目管理费等。如果装修公司的报价比散工都低，我劝你一定要三思。

不同预算对应的施工方

预算情况	施工方
紧张	散工
比较充足	施工队
十分充足	装修公司

●散工需要业主亲自去沟通

小贴士

拆除工作找散工更省钱？

无论你选择何种装修方式，拆除部分都可以单独找散工来做，因为这个工种的技术含量不高，但是工长和装修公司收取的费用往往不低。

3 有必要请独立设计师吗？

很多人都问我是否有必要请独立设计师，说实话这个问题很难回答，因为设计不是标准化的产品，很难定义。但我可以负责地告诉你，那种自带廉价或免费设计师的装修公司都不可信，只能说是个画图师，而且还有可能画错。独立设计师的设计费一般都在 200 ~ 600 元 /m²，但国内独立设计师鱼龙混杂，也没有统一的规范。

下面来分析一下除了独立设计师我们还有哪些选择，以及优秀的独立设计师到底能给业主做些什么。相信通过这部分的介绍，大家都能有自己的判断。

（1）户型改造

如果你对家的功能要求比较高，那就需要对户型进行改造。户型改造是装修的第一步，也是全案设计前期的核心。如果囊中羞涩的话，你也可以请设计师只做这部分的工作，用较少的花费获得设计中最核心的部分。注意：一般做户型改造的设计师只出平面布局图，不出水电点位图等施工图纸。

●优化后的平面图

（2）灯光设计师

如果你不想改造户型，只想提升空间质感，那么灯光设计是性价比最高的设计。尤其是使用无主灯的业主，一定要请灯光设计师。相比"一灯照亮全屋"的传统做法，无主灯更符合健康用光的理念。看电影、会客、休憩，不同场景可以有更多的灯光选择来匹配我们的情绪。

专业的灯光设计师会把灯具点位图、回路图以及施工图都做好。做无主灯时千万不要为了炫技而铺设各种灯，没有功能的支撑，再好看的灯光也会很快过时。

●线形型材配套图

（3）全案设计师

全案设计费在 200 ~ 600 元 /m²，如果你对生活品质要求较高，并且预算充足，可以选择设计工作室。设计工作室并不是单纯地进行风格把控，效果图好看并不难，难在设计细节和施工工艺。

准备阶段最好就让设计师提供之前的作品资料，比如效果图、施工图、软装方案、实景照片等。通过这些材料可以初步判断设计师对案例的用心程度和落地能力。

4 如何选择适合自己的独立设计师？

（1）前期筛选

前期筛选主要看设计师的落地案例，最好让他提供之前作品的施工图和设计图，即使你看不懂这些图纸，也能通过设计师所做的事情了解他对案例的用心程度。如果觉得靠谱，就可以沟通设计思路。

还要关注设计师的全案设计服务流程，明确设计阶段、付款方式、全案设计图纸、相关落地跟进节点以及合同条款等。

（2）常规设计图纸

① 平面设计图

独立设计师会在量房后先做出基础情况和户型分析，并根据你的需求和房屋的实际情况确认平面设计图。通过平面图可以了解家的基本功能。

② 风格定位图

确认好平面设计图后，就要进行风格定位。每个空间可以准备 5 ~ 8 张图片，让设计师了解你的喜好。设计师在了解你的喜好后会确认全屋主材材质、软装材质及家具形式。最好把所有的材质都展示出来，通过颜色、比例来确定家中的色彩，以便调整或修改。

③ 效果图

如果以上环节都没问题，就可以出全屋效果图了。现在效果图越来越逼真，有些设计师还会出 VR 效果图。一般来说，只要施工过程中不出现大问题，房屋最后的实景和效果图基本偏差不大。

● 客餐厅正面效果图

● 客餐厅背面效果图

④ 施工图

家不仅要美，更要便于居住。确定风格、布局之后就可以绘制施工图，以下是比较重要的施工图，供大家参考。

各类施工图一览表

类型	简介	图示
拆砌墙体图	通过拆除墙面图和砌墙图，工人可以准确拆除和新砌墙体	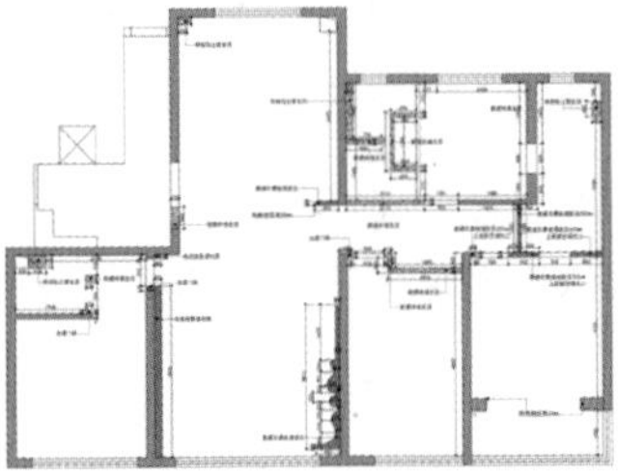
水电设计图	包含强电、弱电以及水路设计图，这些设计图可以帮助水电师傅准确施工。强电设计图包括插座的数量和位置，弱电设计图包括网线的点位和走线方式，水路设计图则包含净水水路和冷热水路的设计	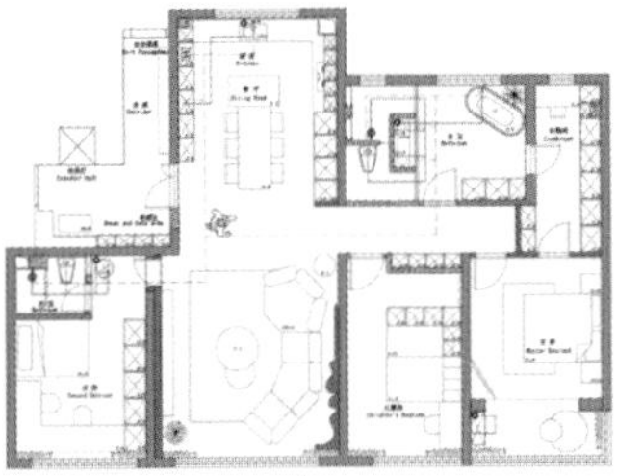
灯具设计图	包括灯具位置、种类、安装方式和开关的位置	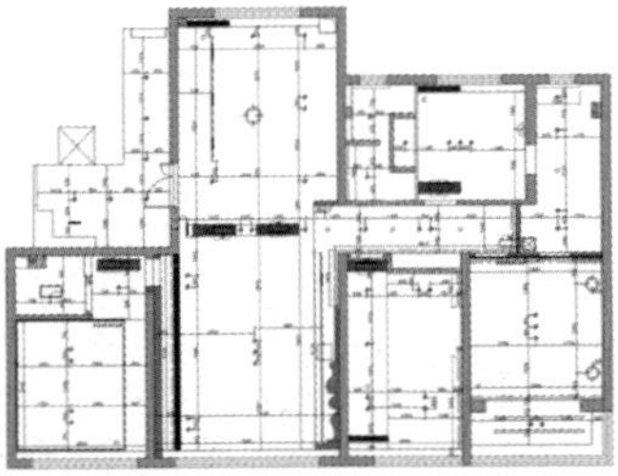
吊顶设计图	主要供木工师傅使用，有详细的吊顶位置以及工艺等方面的要求	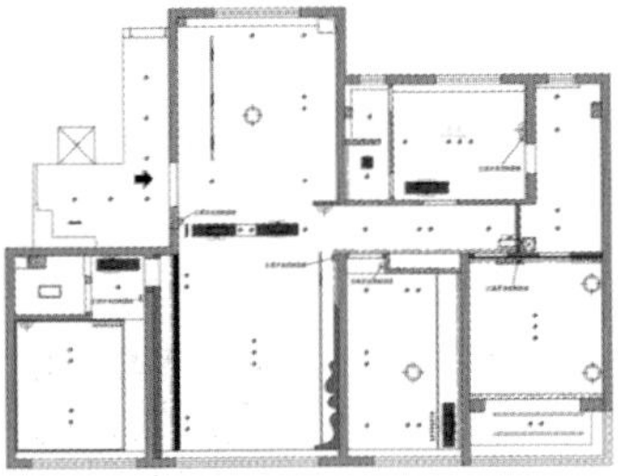

类型	简介	图示
设备设计图	如果使用新风系统、中央空调等设备，也需要提前设计，保证吊顶设计合理	
立面施工图	主要针对各种背景墙，会标注所使用的材料、位置等详细信息	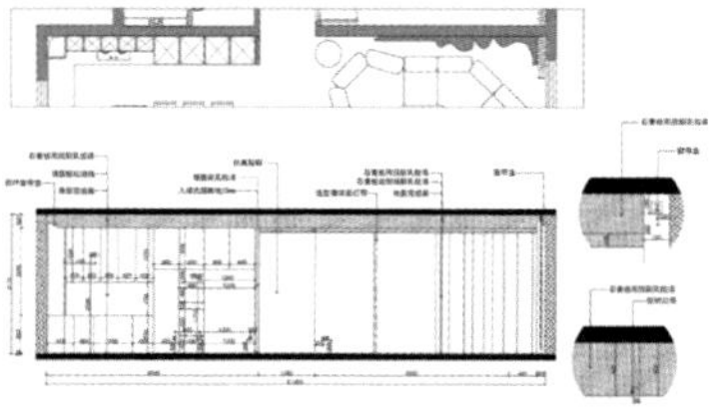
地砖、地板排板图	地砖和地板的排板图可以避免后期主材浪费，保证全屋铺贴的整体效果和设计细节	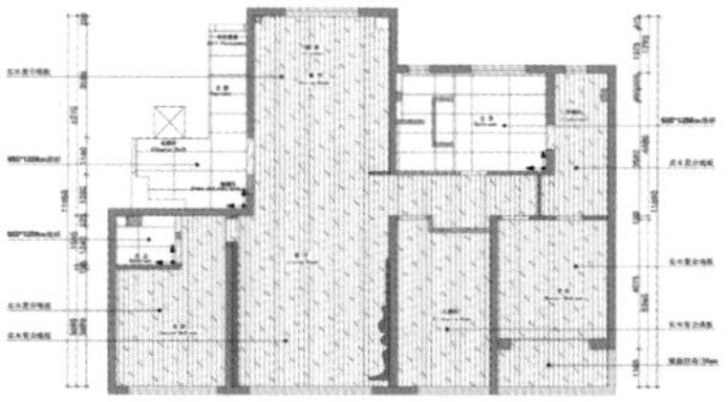
家具尺寸图	通过这张图可以直观地看到家具放在屋内的情况，以及需要购买多大尺寸的家具	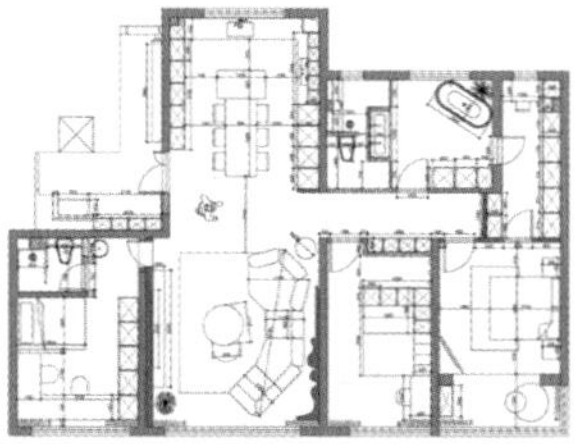
收纳设计图	帮我们看明白家中收纳空间的位置和定制家具的大致数量	

（3）后期服务

后期服务是指设计工作结束、开始施工后设计师会提供的服务。一般包含5次工地巡检和3次选购，也就是说设计师后期会去工地至少5次，同时陪你进行3次建材的选购（次数有一定的机动性，需提前和设计师沟通）。异地客户以线上服务为主，若需现场服务，差旅费需业主额外支付。

如果你仔细阅读了以上文字，相信你对设计师到底能做些什么已有了明确的答案，是否需要请独立设计师要根据自己的实际情况来判断。

小贴士

5次工地巡检和3次选购

5次工地巡检一般是土建交底、水电交底、木工交底、油工调色和软装布置。

3次选购一般是主材选购、定制产品选购和家具选购。

小专栏

施工前期务必做好这三项工作

◎到物业处报备

施工前业主要到物业处报备，一般要缴纳2000～5000元的装修押金，主要是为了防止装修时乱拆乱建，装修完工物业验收合格后都会返还业主。

物业会需要业主提供相关施工图纸，如平面图、水电线路图和中央空调、新风系统安装图等。严谨的物业还需要业主和施工人员提供身份证及相关照片，以及施工单位的资质证明。虽然比较烦琐，但一旦出问题可以及时纠错并责任到人，是比较负责的表现。

◎开通水电和燃气

交房后业主需要开通水电，网上充值就可以了，方便师傅用水、用电。燃气开通虽然不急，但最好也提前了解燃气的开通要求，很多地区规定开放式厨房不能开通燃气。

◎与四邻沟通

施工前一定要和四邻打好招呼，尤其是入住率较高的老小区，你的装修必然会打扰别人的正常生活。应尽量把施工时间安排在不打扰别人休息的时间。此外，在进行防水测试时，要提前通知楼下邻居，最大程度地避免邻居投诉，减少麻烦。

第3节

合理把控施工流程

装修的工序很多，为了防止返工或耽误工期，我把装修工序详细分为30步，并对应每一步总结了工期、物料准备、确认项目以及购买项目等关键内容，帮你解决装修中的排期及物料购买问题。

1 30步装修施工流程表

30步装修施工流程表

施工顺序	项目	注意事项	工期（天）	物料准备	确认项目	购买项目
1	量房设计	应明确全套施工图纸	30	—	中央空调、新风系统、地暖	—
2	墙体拆改	不要动承重墙	2～3	—	门窗尺寸	中央空调、新风系统、定制家具
3	中央空调、新风系统安装	风道设计要合理	3～4	由厂家准备相关辅料	灯具	窗户、防盗门
4	新砌墙体	不在意隔声和承重的，可选石膏板隔墙	3～4	轻体砖、水泥、钢筋、隔声棉	燃气改表	地暖、预埋的卫浴五金
5	水电施工	电线应可抽动，水管应进行打压试验	7～15	电线、网线、空气开关	定制家具、家电、净水设备、洁具	瓷砖、石材、地漏、止逆阀、隔声棉
6	预埋卫浴	应在水电交底时进场	1	预埋龙头、花洒、壁挂坐便器	—	—
7	窗户安装	若门窗不与瓷砖相接，最晚可在油工前更换	2～3	玻璃胶、结构胶	超大物件提前吊运，比如电视机、幕布	—
8	防盗门安装	可与窗户安装同步	1	—	—	—
9	木工吊顶	应提前购买预埋件	3～15	轻钢龙骨、石膏板、预埋灯具、轨道等	幕布、投影仪、吊轨门等	—
10	地暖安装	需要做防水	3～5	厂家准备相关辅料	—	—
11	地暖回填	面积小的，可交给瓦工	1	—	—	—

续表

施工顺序	项目	注意事项	工期（天）	物料准备	确认项目	购买项目
12	防水施工	应进行24小时闭水试验	3～5	—	—	地板
13	瓷砖铺贴	应提前排板	10～20	水泥、黄砂、瓷砖胶、瓷砖等	定制家具复尺、室内门测量	室内门、美缝剂、预埋灯具
14	美缝	应保证瓷砖干透，不要用水	2～5	美缝剂、环氧彩砂	—	—
15	烟管预埋	定位应准确	—	烟管	—	—
16	地面找平	顺平即可，建议由地板厂家来施工	3	水泥砂浆	—	—
17	批刮腻子	与柜子相接处应垂平	10～15	墙固、腻子、阴阳角线、网布	定制家具定尺	墙纸、墙布、艺术漆
18	乳胶漆施工	应先试色再施工	5	底漆、面漆	—	—
19	墙布、艺术漆、微水泥	应根据喜好来选购	不同工艺差距大	由厂家准备相关辅料	—	暖风机、灯具
20	厨卫吊顶	可用铝扣板或蜂窝大板	1	由暖风机、灯具商准备相关辅料	—	—
21	地板安装	地板生产周期约15天	3	踢脚线、压条	—	开关插座、卫浴洁具、窗帘
22	定制家具安装	定制家具生产周期约30天	3	自购五金	—	—
23	室内门安装	预埋门需在油工前，木工要返场	1	门锁五金	—	—
24	开关、插座安装	应尽量预留86型接线盒	1	无	—	—
25	灯具安装	应确定开孔尺寸	1	无	—	—
26	五金洁具安装	—	1	角阀、玻璃胶	—	—
27	家电进场	应提前确认空间	1	无	—	—
28	家具进场	应提前确认尺寸	1	沙发、餐桌椅等	—	—
29	补漆	由油工师傅补漆	1	无	—	—
30	室内软装	—	1	窗帘、床品、各种收纳工具	—	—

2 30 步装修施工流程详解

（1）量房设计

确认全套施工图纸以及是否使用中央空调、新风系统、地暖等设备，越早开始准备，越不容易出错。

（2）墙体拆改

工期 2 ~ 3 天，确认屋内所有门窗的尺寸，防止拆除时多拆或漏拆，一定不能拆除承重墙。确认并购买中央空调、新风系统，在这个阶段确定好定制家具，因为水电交底需要定制家具厂家到场。

（3）中央空调、新风系统安装

工期 3 ~ 4 天，建议放在新砌墙体前，因为空间充裕，便于师傅安装和走管。注意灯具的种类和位置，防止空调和灯具位置发生冲突，尤其是在下吊尺寸较矮的地方。此阶段也可以订购窗户和防盗门，因为它们的生产周期较长。

（4）新砌墙体

工期 3 ~ 4 天，准备轻体砖、水泥、钢筋以及隔声棉。若不在意隔声和承重，也可选石膏板隔墙。

（5）水电施工

工期 7 ~ 15 天，准备水电线管、空气开关以及网线等，定制家具厂家、净水设备方以及设计师都要到场进行交底。水电施工过程中需要购买瓷砖、石材、地漏、止逆阀等产品供瓦工使用。

（6）预埋卫浴

工期 1 天，水电施工时壁挂坐便器、预埋龙头及花洒同时进场，也可以交给水电师傅一起施工。

（7）（8）窗户、防盗门安装

这两个工序顺序随意，窗户工期 2 ~ 3 天，防盗门工期 1 天。如果这两个工序不与瓷砖相接，则最晚可放到油工前。

（9）木工吊顶

工期 3 ~ 15 天，根据吊顶数量和复杂程度，工期差别较大，可以和水电交叉施工。除了吊顶相关辅料外，还要准备预埋轨道和嵌入式风口，并确认幕布、投影仪、吊轨门以及灯具尺寸。

（10）地暖安装

地暖工期 3 ~ 5 天。

（11）地暖回填

做地暖后，回填面积大的可以让地暖师傅做，面积小的可以交给瓦工师傅，更便宜。

（12）防水施工

工期 3 ~ 5 天，贴砖前需要进行防水施工，千万别忘了做闭水试验。如果厨房、阳台没有地漏，则不需要做防水。防水施工时可以订购地板，从而提前确认地砖的铺贴高度。

（13）瓷砖铺贴

工期10～20天，除了贴砖的辅料、主材，还需要准备止逆阀和地漏。瓷砖铺贴完成后，可以让定制家具、室内门商家复尺，并提前购买预埋筒灯、射灯。

（14）美缝

工期3～5天，瓷砖干透后再施工，也可以在油工后施工，防止施工划伤。

（15）烟管预埋

如果在厨房、卫生间做石膏板吊顶，那么一定要在吊顶前预埋烟管，并在烟道开孔处贴瓷砖，防止墙面不平导致的反味。

（16）地面找平

平整即可，施工1天，静置2天，共3天，建议放在瓦工后、油工前进行施工，以防弄脏墙面。

（17）批刮腻子

工期10～15天，腻子批刮完成后可以让定制家具最后定尺，同时订购艺术漆、墙纸以及墙布等（若有需要）。

（18）乳胶漆施工

工期5天左右，通常一遍底漆，两遍面漆。

（19）墙布、艺术漆、微水泥

不同材质工期不同，这个时候可以购买暖风机和灯具。

（20）厨卫吊顶

工期1天，可以同时安装集成吊顶涉及的暖风机、灯具等产品。

（21）地板安装

有悬浮铺装、龙骨铺装和胶铺三种方式，工期3天左右。

（22）定制家具安装

定制家具安装工期为2~7天，但是生产工期长，需要定制家具商家到现场进行水电交底，所以水电交底前需要提前订购。

（23）~（26）后期安装

室内门安装1天，预埋门需要在油工前安装，木工需要返场压边。插座、灯具、窗帘杆以及五金洁具可以随时安装，工期按照1天计算即可。

（27）（28）家电、家具进场

可随时进场。

（29）补漆

家电和家具进场后，可以让油工师傅进行补漆。

（30）室内软装

窗帘、床品以及各种收纳工具都可以进场。

进场的前期准备工作

1 验房的 9 个要点

交房后你是不是很开心？但验房步骤万万不能省略。记住以下9点，保证你收房不踩"坑"。

验房要点

要点	是否达标	必要性
防盗门的门锁、合页能正常使用		必须达标
窗户五金能正常使用， 玻璃没有划痕，边框平整		必须达标
水管接口处、墙角、窗台等位置无渗水		必须达标
所有下水处都做注水试验，保证下水通畅		必须达标
开关能正常开关灯， 用插座相位器检测，保证零火地三线接线正确， 强电箱内各个回路都要有房间标识		必须达标
弱电要检查光纤、有线电视是否能正常使用		必须达标
墙面、地面用空鼓锤敲击，无空鼓		必须达标
地暖进行打压测试，确保无渗漏		必须达标
"两书一表"齐全		必须达标

●检查防盗门的门锁、合页是否正常，开关门时要保证顺滑、无晃动，外观无明显划痕、砸痕

●检查窗户五金能否正常使用，要保证玻璃没有划痕，边框平整

● 检查全屋水管接口处、墙角、窗台等位置有无渗水，若有，必须马上整改

● 弱电要检查光纤、有线电视是否能正常使用，并确认弱电箱内是否留有插座

● 所有下水处都要做注水试验，保证下水通畅，测试完毕后封堵下水口，防止掉入异物

● 用空鼓锤敲击墙地面，检测是否有空鼓，并做好标记，便于开发商维修

● 检查开关能否正常开关灯；插座用相位器检测，保证零线、火线、地线接线正确。强电箱内各回路都要有房间标识和线路线径粗细标记

● 如果有地暖，则需要打压测试，看是否有渗漏，后期才发现问题很容易扯皮

2 开工前需要做的保护工作

验完房后，你是不是就着急进场装修了？先别急，装修前我们还要先进行保护工作，以防装修时损坏公共区域以及已有的物品，导致后期再次维修。

开工前需要做的保护工作

保护工作	是否达标	必要性
公共走廊和电梯的地面用保护膜或石膏板保护		必须达标
墙面有公共设施，保护膜需进行切割		尽量达标
入户门及入户门套保护，防止运送材料时磕碰		必须达标
窗户保护，防止划伤无法复原		必须达标
水阀、分水器、燃气表用保护罩保护		尽量达标
楼梯、电梯井以及落地窗栏杆进行安全防护		必须达标
开敞式阳台使用密目式安全网进行防护		必须达标
瓷砖、地板铺贴后的地面保护		必须达标

（1）基础保护

基础保护主要指开工前公共区域的保护，例如公共走廊和电梯的地面需要用保护膜或石膏板保护，保证铺贴平顺完整。如果墙面有公共设施，那么保护膜需要按照设备尺寸切割，不能直接封死。

●基础保护

（2）设备和门窗保护

入户门和门套也必须保护，防止运送材料时磕碰，门把手用专门的保护套保护。

（3）临边保护

前面两项主要是保护物品，临边保护主要是保护人员安全。施工时楼梯、飘窗、电梯井以及落地窗边都必须用栏杆进行防护。开敞式阳台等临边位置用密目式安全网做防护，防止施工时不慎造成高空抛物。

（4）中期保护

装修中期也有很多项目需要保护。例如瓷砖、地板铺贴后的地面，喷漆前的其他物品等。

（5）精装房保护

如果是精装房改造，除了要把能移动的家具搬走外，地板、瓷砖、室内门、开关、插座以及橱柜等也都需要进行保护，千万不要有遗漏。

3 材料放置的位置有讲究

装修前还要规划好材料放置的位置，放置不规范会导致材料损坏；一旦倒塌伤人，那问题就更大了。

材料放置的位置

要点	是否达标	必要性
线管、水管、龙骨等线型材料用托架分层码放		尽量达标
线型材料不能放在阳台或落地窗旁		尽量达标
线型材料尽量放置在次要空间，与长边墙平行		尽量达标
石膏板、欧松板等面型材料设计防潮支架，平铺放置		尽量达标
水泥、腻子粉等袋装类材料限高5层		必须达标
墙固、乳胶漆等桶装类材料限高2层		必须达标
瓷砖、地板等主材码放整齐，用保护膜整体保护		必须达标
垃圾全部装袋，不能放在阳台或落地窗旁		必须达标

（1）线型材料

线管、水管和龙骨等都属于线型材料，使用托架分层码放，方便拿取。

●线型材料

（2）面型材料

石膏板、欧松板属于面型材料，可以在地面设计防潮支架，平铺放置，防止变形。

（3）袋装、桶装材料

水泥、腻子粉等都是袋装材料，乳胶漆、墙固等都是桶装材料，放置前应在地面铺设衬底，用于防潮。

（4）瓷砖、地板等主材

瓷砖、地板等一般都有外包装，码放整齐，用保护膜整体保护即可。

●地板码放

（5）垃圾存放

施工时会产生大量建筑垃圾，装袋集中放置于偏僻的角落，不能放在阳台或落地窗旁。

开工前还需要准备的物品

开工前我们最好准备一些物品，我把需要准备的物品主要分为两类，分别是为师傅准备的物品和为自己准备的物品。

1 为师傅准备的物品

俗话说"与人方便，与己方便"。开工前建议为师傅准备以下物品，百元成本可以解决各种问题。

为师傅准备的物品

物品	是否到位
临时坐便器	
纯净水	
电热水壶	
塑料桶	
扫把、簸箕	
洗手液	
卫生纸	
便携桌椅	
临时药箱	

（1）临时坐便器

为了师傅，也是为了自己新房，建议给师傅买一个临时坐便器，一定要选带防臭盖的。

（2）纯净水

大桶水开封后不利于保存，建议直接买几箱纯净水，成本低。

（3）电热水壶

除了冷水，师傅也得偶尔喝点热水，热水壶也不贵，20多块钱就能买一个。

（4）塑料桶

相比塑料盆，塑料桶更深，师傅洗手、洗水果会更方便。

（5）扫把、簸箕

干完活后顺手打扫，清洁工具不能少。

（6）洗手液

之所以选择洗手液而不是肥皂，也是考虑长时间使用，更容易保存。

（7）卫生纸

卷纸、抹布都可以准备一下，日常擦手、清理污渍都能用到。

（8）便携桌椅

主要用来给师傅放工具，或者偶尔吃饭，没必要买新的，二手的即可。

（9）临时药箱

这个是最容易被忽略的，在里边放创可贴、纱布和碘伏、棉球，以备不时之需。

2 为自己提前准备的物料

为了装修效果更好落地并且质量有保证，应提前为自己准备以下物料。

为自己准备的物品

物品	是否到位
施工图	
玻璃胶	
角阀	
隔声棉	
地漏	
烟道止逆阀	
前置过滤器	
墙地面保护膜	
灭火器	
密码钥匙盒	

（1）施工图

俗话说"好记性不如烂笔头"，与其和师傅反复口述，不如直接把施工图交给师傅，将所有需求都落实到纸上。

（2）玻璃胶

玻璃胶用量大，用途广，无论是封边还是黏合，都少不了它。如果直接用师傅自带的玻璃胶，后期可能发霉变黄，而且还容易污染，因此玻璃胶最好自己买。

（3）角阀

坐便器用单向阀，燃气热水器用球阀，电热水器用角阀。如果你不提前准备，那么师傅基本全屋使用一种阀门。

（4）隔声棉

封管前让师傅帮忙提前包裹隔声棉，或者自己动手包裹。注意落水位置重点包裹，还可以买点扎带。

（5）地漏

瓦工施工前必须到位，淋浴区用长条形地漏，洗漱区可以用隐形地漏，洗衣机也有专用地漏。

（6）烟道止逆阀

瓦工施工前准备好，否则后期安装十分麻烦，一旦忘记安装，油烟味、臭味统统躲不掉。

（7）前置过滤器

家中用水的第一道防线，提前购买，让水电师傅装上，省下安装费。

（8）墙地面保护膜

虽然装修公司都会提供，但价格贵，自己购买价格便宜、质量好，而且施工也不难。

（9）灭火器

"不怕一万就怕万一"，灭火器就是为了防止万一，别忘了检查保质期和压力是否合格。

（10）密码钥匙盒

在门口放一个密码钥匙盒，可免去你送钥匙的烦琐。

3 极简设计需要提前购买的物料

如果你打算做极简风,就要提前准备预埋轨道灯、花洒、龙头等,否则会耽误工期。

极简设计需准备的物料

物品	是否到位
预埋轨道灯	
预埋筒射灯、线形灯	
预埋风口	
壁挂坐便器	
预埋花洒、龙头	
淋浴房预埋件	
预埋踢脚线	
吊顶型材	
极窄收边条	
阳角条	

(1)灯具型材

灯具型材主要是磁吸轨道灯、预埋筒射灯和线形灯。想要后期不开裂,磁吸轨道必须买石膏板预埋款,各品牌轨道不通用,因此要提前选好。

磁吸轨道灯

(2)中央空调出风口

现在很流行加长的空调出风口,想要极简风,还有预埋款的空调出风口。记住要选石膏板预埋,而不是粉刷预埋。

预埋中央空调出风口

(3)壁挂坐便器和预埋花洒、龙头

壁挂坐便器同样需要提前预埋,坐便器悬空,不会露出水电线路。预埋花洒的管路都提前埋在墙内,入墙式龙头和落地龙头也需要提前预埋。

壁挂坐便器的预埋水箱

（4）淋浴房预埋件

淋浴房通过预埋件完全可以实现无边框，预埋件也需要提前购买。

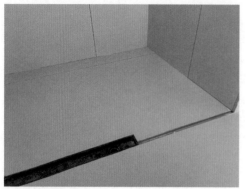

●淋浴房预埋件

（5）踢脚线

想要墙地面衔接得更自然，一定要提前购买预埋式踢脚线，或者直接在墙面抠槽，嵌入地板，实现无踢脚线设计。

●无踢脚线设计

（6）吊顶型材

墙顶面衔接同样也有各类极简型材，例如我家这款就可以做出悬浮吊顶的效果。

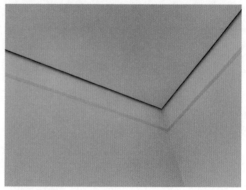

●吊顶型材

（7）极窄收边条和阳角条

不同材质的地面相接同样需要型材来收口，为了保证收口美观，型材最好提前购买。极简设计可以使用弧形阳角条替代传统阳角条，让家中线条更柔和。

●瓷砖、地板收边条

▶ 第 2 章
拆改工程

── 第1节 ──

拆除墙体的施工流程

1 提前做好拆改规划

拆除阶段工程量最大、最关键的部分是墙体拆除。拆除墙体前一定要提前做好规划，拆错了就要重砌，一拆一砌预算加倍。既要确认需要拆除的墙体，还要知道哪些墙体不能拆。通常这三类墙是不能拆的：承重墙、配重墙和外立面墙体。

（1）承重墙

拆除前最好能拿到房子的原始工程图，通常黑色墙体是承重墙，白色墙体为非承重墙，只能拆非承重墙。没有原始工程图就只能找专业师傅帮忙判断，一般来说承重墙的厚度要大于 20 cm，敲击时会产生比较低沉的声音。如果想更准确，可以直接用电镐打破墙皮进行观察。

●黑色墙体是承重墙，白色墙体是非承重墙

除了承重墙，也不能随意打掉承重梁和承重柱（一般内部有钢筋）。

（2）配重墙

对老房子来说，除了承重墙不能拆，配重墙也不能拆。配重墙一般位于老房的阳台处，一旦拆除可能会导致阳台下坠。

●窗下为配重墙，不能拆除

（3）外立面墙体

有的墙不是承重墙、配重墙或剪力墙，但拆除时如果会改变墙体外立面，影响建筑的整体美观度，也不要动，否则物业和城管会要求你恢复原状。

●外立面墙体，不能擅自改变窗户大小

2 墙体拆除的施工流程

墙体拆除要点

要点	是否达标	必要性
画线、弹线定位		必须达标
用齿轮刀沿线切割		必须达标
用冲击钻或锤子拆除		必须达标
装袋清运		必须达标
地面、墙角拆除到位		必须达标

墙体拆除施工流程

◆画线定位 ◆沿线切割 ◆开始拆除 ◆装袋清运 ◆整理现场

① 画线定位

规划好需要拆除的墙体后,第一步就是画线定位,通过画线、弹线的方式明确要拆除的墙体,以防错拆或漏拆。

●画线定位

② 沿线切割

利用锤子或冲击钻拆除,墙体正反两面都要切割后才能拆除,否则墙面拆除的接口部分会不平整。

●沿线切割

③ 开始拆除

切割完毕后就可以用冲击钻和锤子拆除了,拆除时尽量不要影响旁边墙体的稳定性。

●拆除墙体

④ 装袋清运

拆除的垃圾必须装袋清运,大块垃圾可以利用冲击钻破碎成小块后再装袋。

●装袋清运

⑤ **整理现场**

装袋清运后，把地面清理干净，并检查地面、墙角等处的拆除是否到位，有残留墙体需要打平。

●把拆除现场清理干净

墙体拆除的八大注意事项

1.通常，路边找的拆除工人费用比装修公司和施工队便宜，但不建议盲目选择散工。因为拆除并非拆掉这么简单，保护、清运以及拆除得是否彻底也十分重要，一旦交接不好，容易发生扯皮

2.拆除是按面积进行收费的，具体报价要根据墙体的厚薄来确定，地面和墙面保温层同理，可以让师傅给你整体报价，这样更便宜

3.二手房改造涉及地板、柜体以及室内门的拆除，这些项目建议单独找散工，只将墙体留给装修公司拆除即可，这样能降低拆除成本，也不容易出错

4.如果是新房墙体拆除，则铝合金移门、防火门以及栏杆等可以让人提前上门回收，还能多一笔收入

5.拆除会产生大量建筑垃圾，除了拆除费，垃圾清运费也要提前沟通好，基础的清运只包括运到小区垃圾场。如果需要外运，还要增加垃圾清运费

6.正式拆除前一定要把拆除的墙面断水、断电、断气，以防拆除时发生安全隐患

7.拆除过程中尽量避开水管、排污管和线管，一旦有破损必须及时标记并更换，完工后再发现问题，整改会很复杂

8.有些业主想把家中原有地砖换成地板，如果地砖足够平整，则建议不要拆除，直接在上边铺地板即可。虽然会占用净高，但能节省拆砖以及地面找平的费用

新砌墙体的施工流程

拆完墙后一定要复尺，复尺无误后就可以根据施工图砌墙了。有些施工队为了省事会建议你水电施工后再砌墙，但我认为想要最终落地效果好，还是得先砌墙体，水电施工时再重新开槽。

1 新砌墙体的常见方式

新砌墙体有三种方式。最常见的是砖砌隔墙，其次是轻钢龙骨隔墙，第三种是能节省空间的定制家具隔墙。

（1）砖砌隔墙

砖砌隔墙成本高，工期长，墙体比较厚，但是隔声、防水以及承重效果是三种方式中最好的，因此大多新砌墙体都是依靠砖砌隔墙来实现的。此外，砖砌隔墙还有一个优点——利用墙体厚度做出壁龛；若想悬挂物品的话，那么多孔砖的承重效果要优于轻体砖。

●用轻体砖砌墙

（2）轻钢龙骨隔墙

轻钢龙骨隔墙的成本较低，工期短，不过即使加了隔声棉，隔声效果也一般，而且承重性不佳；优点是墙壁薄，足够直且不易开裂，适合紧凑型空间使用。

●轻钢龙骨隔墙

（3）定制家具隔墙

如果你对隔声没太高的要求，并且新砌墙体处正好有柜子，那么可以直接将定制柜作为隔墙，最大程度地节省空间和预算。

●定制书柜隔墙

2 砖砌隔墙的施工及验收要点

砖砌隔墙的施工及验收要点

项目	要点	是否达标	必要性
材质选择	多孔砖或轻体砖		尽量达标
	水泥强度等级为 32.5 R 或 42.5 R		必须达标
	水泥的生产日期在三个月内		必须达标
定位方式	悬挂水平线和垂直线		必须达标
砌砖规范	上下错缝，灰浆饱满		必须达标
植筋处理	垂直间距小于 50 cm		必须达标
	末端有 90° 弯钩		必须达标
砌砖进度	顶部预留斜砌空间		必须达标
	多孔砖单天砌筑不超过 1.5 m 高		尽量达标
	轻体砖不要一天砌到底		尽量达标
挡水设计	高度为 20 ~ 30 cm		必须达标
门洞过梁	用混凝土或方钢过梁		必须达标
	两侧进墙距离不小于 20 cm		尽量达标
包管处理	隔声棉提前包管		必须达标
	二手房烟道重新封，并砌到顶		尽量达标
新砌墙体	新砌墙体及交接处要做挂网处理		必须达标
等待时长	一个月后再进行腻子批刮		必须达标
壁龛选择	新砌墙体或有包管需求时可以设计		尽量达标
	层板用玻璃或不锈钢		尽量达标
完工验收	墙面平整度偏差在 3 mm 内，垂直度偏差在 2 mm 内		必须达标

（1）砖砌隔墙的材料选择

砌墙的砖建议选择多孔砖或轻体砖，前者承重好，后者尺寸全，两者的重量都比较轻，不影响房屋结构。

砌墙的水泥选择本地品牌即可。一定要选择生产日期在三个月以内的水泥，才能保证落地效果。

● 轻体砖

（2）砖砌隔墙的施工流程

施工流程

◆ 弹线定位　　◆ 设置吊线　　◆ 砌筑多孔砖基石　　◆ 上下错缝砌砖　　◆ 新旧墙体结合处做植筋处理　　◆ 顶部预留斜砌空间

① 设置吊线

利用水平仪来悬挂水平线和垂直线，保证新砌墙体的水平和垂直。

●悬挂垂直线

② 砌砖

砌砖是整个工程成败的关键。砌砖时需要采用上下错缝的形式，并保证灰浆饱满。

●砌砖时要注意上下错缝

③ 植筋

为了保证墙体的稳固性，新旧墙体的结合处要进行植筋处理，让新砌墙体和旧墙结合度更高。加强筋需要平置于灰缝内，垂直间距应小于 50 cm，并且末端应有90° 弯钩。

●新旧墙体结合处要进行植筋

④ 顶部斜切

墙体顶部要预留斜砌空间，最后统一收尾，否则容易造成沉降错缝。多孔砖单天砌筑不要超过 1.5 m 高，如果使用轻体砖，则可以一次砌高点，但也不要一次砌到顶；如果墙体顶部做斜砌处理，那么至少也要分 2 天完成。

●顶部斜砌处理

⑤ 砌筑防潮地梁

厨房、卫生间等潮湿地方的新砌墙体底部必须设计防潮地梁，地梁高度为20～30 cm，以防墙体发霉。

●卫生间新墙底部做防潮地梁

⑥ 架设过梁

砌墙时，如果需要预留门窗位置，则在上方架设钢筋混凝土或方钢过梁，作为砖墙的支撑，长度要超过门宽左右各20 cm。千万不能使用木板做梁，否则后期容易变形。

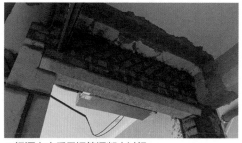
●门洞上方采用钢筋混凝土过梁

⑦ 挂网处理

新旧墙体或不同材质墙体的交接处要进行挂网处理，防止墙面后期开裂。

●新旧墙体结合处进行挂网处理

⑧ 刮腻子

完工后，等水汽完全干透后再刮腻子，最好等一个月左右，否则后期墙体容易开裂，这也是我建议先砌墙再走水电的原因。

●水汽干透后再刮腻子

⑨ 卫生间包管

如果卫生间做包水管，则可以采用砖砌的方式。包水管前一定要检查有无渗漏，并提前准备好隔声棉，和师傅提前说好用隔声棉包管。此外，在二手房改造时，厨房烟道尽量重新砌砖，一定要砌到顶，只用瓷砖包裹，后期容易开裂。

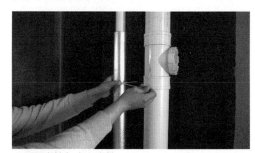
●用隔声棉包裹下水管

⑩ 验收关键点

验收时主要看墙面的平整度和垂直度，使用2 m长靠尺和线坠来检查墙面的平整度和垂直度，保证平整度偏差在3 mm之内，垂直度偏差在2 mm之内。

不要盲目在卫生间做壁龛

在卫生间淋浴区做壁龛确实很实用，但没必要为了壁龛专门去砌一堵墙，这样既费钱又浪费空间。但如果是新砌墙体或有包管需求，那借用新砌墙体做个壁龛就十分合适。例如我家卫生间的壁龛，面向湿区的格子放沐浴露，面向坐便器区的格子放卫生纸。

● 卫生间壁龛设计

3 轻钢龙骨隔墙的施工要点

轻钢龙骨隔墙的施工要点

项目	要点	是否达标	必要性
定位方式	用水平仪定位并弹线确认		必须达标
	按照弹线位置先固定天地龙骨		必须达标
龙骨安装	竖龙骨长度超过 3 m 的，需接长		必须达标
	竖龙骨间距在 40 cm 以内，用龙骨钳固定		必须达标
开口方向	开口方向要保证一致		必须达标
穿心龙骨	在竖龙骨开口方向用支撑卡固定		必须达标
隔声措施	填充隔声棉，需要填充饱满		必须达标
封板设计	先用欧松板打底，再安装石膏板		尽量达标
	将石膏板错缝安装到欧松板上		尽量达标

施工顺序

轻钢龙骨隔墙是以金属钢架为骨架，中间填塞隔声棉，后封上石膏板。轻钢龙骨隔墙比砖砌隔墙轻，施工快，价格也较便宜，但隔声效果比较差。

◆ 弹线定位 ▷ ◆ 安装天地龙骨 ▷ ◆ 安装竖龙骨和穿心龙骨 ▷ ◆ 填充隔声棉 ▷ ◆ 用欧松板打底 ▷ ◆ 错缝安装石膏板

① 安装天地龙骨

安装前要先用水平仪定位，并弹线确认，然后根据弹线位置排列骨架，将天地龙骨固定到地面和天花板，注意贴合紧密。

② 安装竖龙骨

安装好天地龙骨后就开始安装竖龙骨，安装时要保证竖龙骨垂直，一般超过 3 m 高就需要把龙骨接长一些。竖龙骨间距应在 40 cm 以内，用龙骨钳固定紧实。安装竖龙骨时要保证开口方向一致，方便穿龙骨和放置隔声棉。

●竖龙骨间距应在 40 cm 以内

③ 安装穿心龙骨

竖龙骨安装好之后就可以安装穿心龙骨了。安装好穿心龙骨后，在开口方向用支撑卡固定。

●穿心龙骨用支撑卡固定

④ 填充隔声棉

尽量选择厚实一点的隔声棉，切记填充饱满紧实，确保隔声效果。

●填充隔声棉

⑤ 封石膏板

封板时最好先用欧松板打底，然后再安装石膏板，这样轻钢龙骨隔墙会更加牢固。将石膏板错缝安装到欧松板上，在油工阶段将钉眼与石膏板之间的缝隙处理平滑。

●用欧松板打底

●油工阶段再进行防锈处理

小专栏

关于放线，你该知道的事

很多业主都觉得前期设计得挺好，但贴完地砖地面高度就不对了，吊完顶房子的净高也不一致，前期合理的设计变得不合理了。如果你想要室内开关、插座以及门洞等高度一致，以及嵌入式龙头、花洒的高度准确，就一定要放好线。

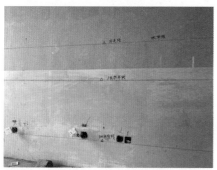
●施工现场放线

◎地面完成线

这条线标识的是地板、瓷砖铺贴后的全屋地面统一高度。无论铺地暖还是通铺地板、瓷砖都会导致地面完成线和原始地面有较高的落差。如果未提前确认地面完成线，其他放线的高度就很可能不正确，造成插座、花洒、龙头等设备高度不对。

◎插座下沿完成线

这条线的高度是以地面完成线为基准，向上翻30 cm确定的，是插座设计的基础高度（具体高度要根据居住者的实际情况来设计）。

◎开关下沿完成线

以地面完成线为基准上翻130 cm，即为开关下沿完成线高度。特殊区域可特殊对待，例如保证柜子内的开关不会被层板切割。

◎门洞完成线

根据门洞的高度统一弹出，对需要修改门洞的业主来说，这条线十分重要。

◎吊顶完成线

以地面完成线为基准来汇制吊顶完成线，确保全屋同类吊顶的下吊高度一致。

▶ **第 3 章**

水电工程

强电施工

水电工程是整个装修过程中的核心，水电定位阶段最好和工长、设计师、水电师傅、定制家具设计师、中央空调设备方等一起进行交底。水电工程属于隐蔽工程，一旦出错，后期改造将十分困难。

设计时不仅要提前预留好强弱电箱、开关、插座、上下水位置，还需要和设计师确认灯具的留线问题，与中央空调、新风系统等设备方确认机位、走管细节、出风口预留等，因此一定要提前确认好。

1 强电材料——电线和线管

强电材料的选购要点

项目	要点	是否达标	必要性
电线	建议选硬线（BV 线）		尽量达标
	包装整齐，合格证齐全		必须达标
	有 3C 认证，电线的生产日期最好在三年内		必须达标
	内芯色泽光亮，弯折时较柔软		必须达标
	测量内芯直径，防止内芯缩水		必须达标
	称整卷重量，防止长度缩水		必须达标
	电线胶皮火烧有阻燃效果，用力扯不破		必须达标
	胶皮上的字迹清晰，标识有相关型号、品牌		必须达标
线管	选择 PVC 管		必须达标
	保证冷弯不断裂，方便后期走线		必须达标

（1）电线的选择

强电施工中最主要的材料是电线和线管。电线是强电施工中的基础辅料，建议选择硬线，也就是 BV 线。BVR 是软线，家装不建议用。

（2）线管的选择

穿电线的线管建议选择 PVC 管，常见类型为 16 管和 20 管（外管直径分别为 16 mm 和 20 mm）。线管的主要作用是绝缘和阻燃，保护电线。

2 配电箱（强电箱）的选择与安装

配电箱的选择与安装要点

项目	要点	是否达标	必要性
回路设计	2.5 mm² 电线配 16 A 或 20 A 空气开关		必须达标
	4 mm² 电线配 25 A 空气开关		必须达标
	6 mm² 电线配 32A 或 40 A 空气开关		必须达标
断路器	不带 T 键的是空气开关，过载或短路时自动切断回路		必须达标
	带 T 键的是漏电保护器，漏电时能迅速跳闸		必须达标
	若预算低，则卫生间和总闸使用漏电保护器		必须达标
	若预算高，则人体能接触的分路都使用漏电保护器		尽量达标
	空间小可以用紧凑型漏电保护器		尽量达标
断路器选购	家装一般使用 1P、1P+N 和 2P 断路器		必须达标
	一体式前盖设计防止电弧溢出		尽量达标
	30 mA 的漏电保护器，动作时间要小于 0.1 s		必须达标
断路器安装	做接地保护，不能使用横截面积小于 4 mm² 的电线		必须达标
	接线要牢固，不能虚接		必须达标
配电箱选购	选择厚度不小于 1 mm 的镀锌钢板		尽量达标
	有具体的烟雾测试报告		尽量达标
	盖板选择塑料材质		尽量达标
	宽度有限，可以选择上下双排设计		尽量达标
配电箱安装	离地至少 1.5 m		必须达标
	保证配电箱箱盖方便开启		必须达标
	所有回路都要用贴纸标识清楚		必须达标

配电箱是强电的控制中心，其大小、质量和位置影响着家的舒适性和安全性。大部分新小区并不需要全屋换电线，可通过配电箱来判断家中各回路电线粗细使用得是否合理，如果合理，则没必要全部更换。

水电施工时很多业主只关心插座的预

留，其实强电箱设计更为关键。插座设计较多时，有些电工为了防止频繁跳闸，会给2.5 mm²的电线配25 A的空气开关，其实这样并不合理。那到底该如何设计呢？以2.5 mm²电线为例，理论最大承受电流是25 A，但使用时很难保证电线性能完整发挥。结果很可能电线烧着了，闸还没跳。

（1）回路设计

布置电路前首先要设计回路，即确认需要几路电线以及每路电线的粗细和对应强电箱内空气开关的大小。回路设计得不好就容易跳闸。只要是正规的电线和空气开关，电线的粗细和空气开关大小的配比可以参考下表。

电线粗细和空气开关应匹配

电线种类	理论电流	空气开关限定的电流	建议荷载功率
2.5 mm²	25 A	16 A 或 20 A	4400 W
4 mm²	32 A	25 A	5500 W
6 mm²	48 A	40 A	8800 W

下页表是家居空间中常用的回路设计，可以根据实际情况灵活调整。

小贴士

冰箱需要单独布置一条回路（放在总闸之外），这样就可以在外出时断掉其他回路，仅为冰箱供电。

（2）空气开关和漏电保护器

设计回路时还要选择合适的空气开关和漏电保护器。带T字形按钮的是漏电保护器，不带的是空气开关。空气开关的主要功能是电线短路或用电量超载时，自动跳闸，免于电线走火；漏电保护器比空气开关大一些，作用是当检测到漏电时，迅速跳闸，不再仅是电流过载时才会跳闸。简单地说，空气开关只保护电路，防止起火，而漏电保护器还保护人体避免触电。

如果你的装修预算比较高，那么建议人体能接触的分路都用漏电保护器，而总开关和接触不到的分路用空气开关。如果你的预算比较低，则建议总开关和卫生间用漏电保护器，其他分路都选择空气开关。

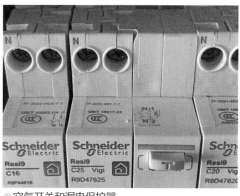
●空气开关和漏电保护器

家居空间常用回路设计

常用回路	总闸	照明	普通插座	厨房插座	冰箱	卫生间插座	卫生间有电热水器	空调	中央空调（室内机）	中央空调（室外机）	新风系统
断路器	空气开关或漏电保护器	空气开关	漏电保护器	漏电保护器	漏电保护器	漏电保护器	漏电保护器	漏电保护器	空气开关	空气开关	空气开关
电线种类	根据实际情况来定	2.5 mm^2	2.5 mm^2	4 mm^2	2.5 mm^2	2.5 mm^2	4 mm^2	4 mm^2	2.5 mm^2	4 mm^2 或 6 mm^2	2.5 mm^2
理论最大电流		25 A	25 A	32 A	25 A	25 A	32 A	32 A	25 A	32 A 或 48 A	25 A
空气开关限定的电流		16 A	16 A 或 20 A	25 A	16 A 或 20 A	16 A 或 20 A	25 A	25 A	16 A 或 20 A	25 A 或 40 A	16 A 或 20 A
建议荷载功率		3500 W	3500 W 或 4400 W	5500 W	3500 W 或 4400 W	3500 W 或 4400 W	5500 W	5500 W	3500 W 或 4400 W	5500 W 或 8800 W	3500 W 或 4400 W

注：电线为铜线，仅供参考。

常见断路器的区别

种类	防止故障	防止火灾	防止人身伤害	防止设备电缆损坏
空气开关	过载短路	✓		✓
漏电保护器	漏电、触电	✓	✓	
电涌保护器	雷电	✓	✓	✓
自复位过欠压保护器	过压、欠压	✓		✓

高预算建议方案

常用回路	总闸	照明	普通插座	厨房插座	冰箱	卫生间插座	卫生间有电热水器	空调	中央空调（室内机）	中央空调（室外机）	新风
断路器	空气开关	空气开关	漏电保护器	漏电保护器	漏电保护器	漏电保护器	漏电保护器	漏电保护器	空气开关	空气开关	空气开关

低预算建议方案

常用回路	总闸	照明	普通插座	厨房插座	冰箱	卫生间插座	卫生间有电热水器	空调	中央空调（室内机）	中央空调（室外机）	新风系统
断路器	漏电保护器	空气开关	空气开关	空气开关	空气开关	漏电保护器	漏电保护器	空气开关	空气开关	空气开关	空气开关

小贴士

若空间有限，可选择紧凑型漏电保护器

传统的漏电保护器都是分模块的占用空间，体积比空气开关要大一些。如果空间紧张，就可选择紧凑型漏电保护器，价格会稍微贵一些，但仅需一位空间（18 mm 宽）即可安装。

●紧凑型漏电保护器

（3）断路器的选择和安装要点

除了设计，认识断路器也很重要，"C"后边的数字代表断路器的额定电流。例如C20代表额定电流是20 A，C25代表额定电流是25 A。

尽量选择一体式前盖设计的断路器，防止电弧溢出；手柄最好有分色设计，这样可以快速判断要断开的线路。

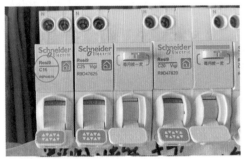

●不同规格的断路器

家装220 V电压一般只会用到1P、1P+N和2P断路器，区别见下表。

1P、1P+N（DPN）、2P断路器对比

断路器类型	检测	断开	检修要点
1P	火线	火线	断开上级断路器
1P+N（DPN）	火线	零火线	仅需断开维修分路
2P	零火线	零火线	仅需断开维修分路

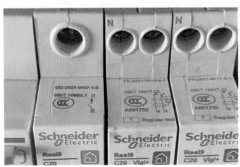

● 1P和1P+N断路器

安装时，配电箱体必须做接地保护且不能使用横截面积小于4 mm² 的电线。接线要牢固，尽量增大接触面，不能虚接。

●电线虚接示意

（4）配电箱的选择和安装要点

① 配电箱的选择

确认好回路数量和空气开关的型号后，还要选择配电箱。配电箱有12位、16位、20位、24位、36位几种规格。如果墙体宽度有限，可以选择双排设计的电箱。

应选择厚度不小于1 mm的镀锌钢板，防止时间长了被挤压变形，并且要有烟雾测试报告。面板选择塑料材质，确保配电箱无带电风险。

●双排设计的强电箱

② **配电箱的安装要点**

根据《建筑电气工程施工质量验收规范》（GB 50303—2015），配电箱的安装高度不低于1.5 m。为了方便检修，配电箱箱盖要方便开启，可以用装饰盒遮挡或使用配电箱装饰画。

●电箱距离地面不低于1.5m

安装完毕后，所有回路都要用贴纸标识清楚，以便后期找到对应检修的回路。

我家总共有13个回路，总开关为63 A无漏电保护器。其中冰箱单独一路，大功率电器如中央空调（分室内机和室外机）、新风系统等均单独走一路线。详细规划见右表。

电箱回路规划表

回路名称	断路器	额定电流	电线种类
总开关	空气开关	63 A	6 mm²
照明	空气开关	16 A	2.5 mm²
厨房1	漏电保护器	25 A	4 mm²
厨房2	漏电保护器	25 A	4 mm²
冰箱	空气开关	20 A	2.5 mm²
主卫	漏电保护器	20 A	2.5 mm²
次卫	漏电保护器	20 A	2.5 mm²
客厅和书房	漏电保护器	20 A	2.5 mm²
儿童房和走廊	漏电保护器	20 A	2.5 mm²
主卧和阳台	漏电保护器	20 A	2.5 mm²
中央空调（室外机）	空气开关	40 A	6 mm²
中央空调（室内机）	空气开关	20 A	2.5 mm²
新风系统	空气开关	20 A	2.5 mm²
AP面板	空气开关	20 A	2.5 mm²

3 强电施工及验收要点

施工和验收不分家，关于强电施工和验收的关键点我总结了 12 点，并列了表格，大家可以直接对照验收。

强电施工及验收要点

项目	要点	是否达标	必要性
电线选购	火线红色、零线蓝色、地线双色		尽量达标
	保证全屋同类线的颜色一致		必须达标
电线铺设	套管埋墙，16 管内不超 3 根线，20 管内不超 4 根线		必须达标
	同线管内只能是同一回路的导线		必须达标
开槽规范	混凝土墙不超过 30 cm 宽		必须达标
	其他墙面不超过 50 cm 宽		尽量达标
	宽度：管径加 10 mm		尽量达标
	深度：管径加 15 mm		尽量达标
就近铺线	可斜拉，保证电线可以抽拉		尽量达标
	若直线距离超过 15 m 或三个直角弯，则应设计分线盒		尽量达标
管卡间距	转角间距不超过 15 cm		必须达标
	直线间距不超过 80 cm		必须达标
水电相交	电路在上，水路在下		必须达标
	厨房、卫生间水电路尽量走顶		尽量达标
管线出墙	吊顶灯线用螺纹管保护		必须达标
	其他线路用黄蜡管保护		必须达标
安装接线盒	接线盒和线管用锁母固定		必须达标
	接线盒中预留 10 cm 左右长的电线		必须达标
	接线盒使用盖板保护		尽量达标
	建议选择 86 型接线盒		尽量达标
接线原则	线管内无接头，在接线盒中接线		必须达标
线径匹配	同回路及断点改造必须同线径		必须达标
预留活线	抽拉接线盒中的电线，保证电线都是活线		尽量达标
电路检测	使用兆欧表绝缘检测，防止短路或断路		尽量达标
	用相位仪检测插座		必须达标

强电的施工流程

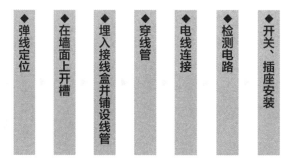

◆ 弹线定位
◆ 在墙面上开槽
◆ 埋入接线盒并铺设线管
◆ 穿线管
◆ 电线连接
◆ 检测电路
◆ 开关、插座安装

① 布线应分色

一般来说火线是红色，零线是蓝色，地线是双色（黄绿色）。保证全屋同类线的颜色一致，并且三根线的位置不能接错。

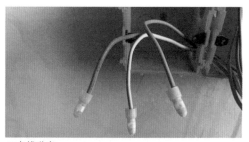

●电线分色

② 铺设时要套管埋墙

铺设时一定要套管埋墙，线管穿线不能超过管内径的40%。一般来说16管内不应超过3根线，20管内不超过4根线，并且同一线管内只能是同一回路的导线，不同回路必须分线。

●套管埋墙

③ 墙面尽量开竖槽

尽量竖向开槽，普通墙面横向开槽时不宜超过50 cm宽，混凝土墙面不宜超过30 cm宽，且不能切断钢筋。因为横向开槽会破坏墙体结构，造成安全隐患。如果条件不允许，则尽量在非承重墙上开横槽。

开槽宽度为管线直径加10 mm，深度为管线直径加15 mm（或是管线直径的1.5倍）。一般来说单管3～4 cm宽，可以保证管线不会凸出墙体。

●墙面开槽

④ 线管铺设遵循就近原则

铺设管道时可斜拉电线，没必要横平竖直。转弯处需使用大于 90°的活弯，保证电线可以抽拉。更规范的做法是同一线路直线距离超过 15 m 或有超过三个直角弯，都应在中间设计上墙的分线盒（可用插座代替），以方便后期换线。

●斜拉电线

如果地面铺设了地暖，为了避免打到地暖管，那么电线可以沿着墙边布线，有吊顶线管的也可直接走顶。

●沿着墙边绕线

⑤ 管线用管卡固定

所有管线必须用管卡进行固定，混凝土墙内剔槽可用铜丝绑扎，转角处管卡间距为 15 cm，管卡直线间距不宜超过 80 cm。

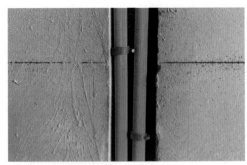
●所有管线用管卡固定

⑥ 电路在上，水路在下

铺设时遵循电路在上、水路在下的原则。卫生间、厨房水电线尽量走顶，防止因房屋漏水导致的漏电。

●电路在上，水路在下

⑦ 管线出墙

吊顶灯线出墙时要使用螺纹管保护，不得裸露。其他线路出墙时用黄蜡管保护，同样不能裸线预埋。

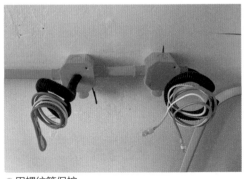
●用螺纹管保护

⑧ **安装接线盒**

开关、插座以及强弱电箱都必须设计接线盒，在接线盒中预留10 cm左右长的电线，以便后期安装开关、插座。

●固定接线盒

将接线盒固定牢固，线管用锁母和接线盒固定（如下图左侧底盒），不能直接插入接线盒（如下图右侧底盒），否则会随意晃动导致脱落。还有更规范的施工——接线盒用盖板保护，防止后期石块、水泥掉入。

●用锁母固定

小贴士

尽量选择86型接线盒

接线盒建议选择86型（尺寸为86 mm×86 mm）。118型（尺寸为118 mm×118 mm)和120型(尺寸为120 mm×120 mm）接线盒只能安装指定的开关和插座面板，而且后期更换十分麻烦。

⑨ **在接线盒中接线**

所有接线都应在接线盒中进行，线管内不能有接头，也不要使用多通接头，以免电线无法抽拉。通常，接线要用绝缘黑胶布，如果要求较高，也可以使用接线端子。

●在接线盒内接线

⑩ **确保同一回路电线粗细一致**

同一回路中零线、火线、地线必须选择粗细相同的电线。如果是断点改造，则线径也需要与原配线径大小一致。

⑪ **预留活线**

安装完成后抽拉接线盒中的电线，尽量保证电线是活线，一旦发现问题可以随时更换。

⑫ **电路检测**

线路铺设完成后，使用兆欧表对线路进行绝缘检测，以防止线路短路或断路。插座安装好后，使用相位仪来进行检测，以防止插座后的电线虚接、漏接。

4 开关种类及设计要点

关注插座的业主很多，但大家可能连双控开关和双开开关都分不清，本节就帮你解决常规开关及全屋智能的预留问题。

（1）开关的种类

首先要搞清开关的种类，例如卧室灯能被门口和床头的两个开关控制，那这两个开关就是双控开关。同样是卧室门口的开关，如果两个按键可以分别控制主卧和阳台的灯，那就是双开开关。

如果第三个按键能控制衣帽间的灯，那就是三开开关。简单说，一盏灯被几个开关控制开关就是几控，一个开关能分别控制几组灯就是几开，这两个条件是并列的，选购时需同时确认。

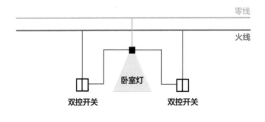

●双控开关示意图

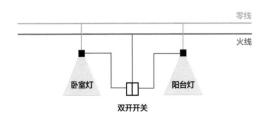

●双开开关示意图

（2）开关设计的关键点

开关需要根据使用场景而非灯具数量来设计。要知道一个开关控制的是一组灯，而非一个灯。例如我家客厅就分为了三组灯，2个瓦力灯一组，6个射灯一组，一排轨道灯一组，这样一个三开开关就够了。如果一个灯一个开关，设计十几个按键那就不合适了。当然，也不能完全不分组，一开全亮也不合适。

●客厅灯光设计

① 位置设计

开关设计一定要遵循动线合理原则，最好能做到陌生人第一次到家也能顺利开关灯。一是设计在进入每个空间的必经动线处，比如每个房间的入口；二是设计在需要长时间逗留地方，例如床头和桌边。

●门口开关

② 高度设计

常规开关下沿距离地面的高度为130 cm；床边的开关高度可以设计为70 cm，以便躺着开关灯；桌上的开关则可以设计为110 cm，以便坐着开关。

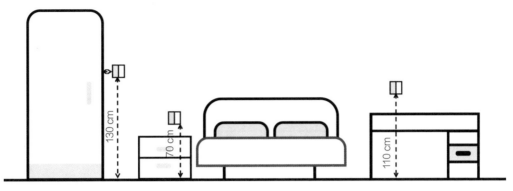

●开关高度示意

（3）智能设计

灯光智能是当下最基础的智能设计，无论你家使用的是普通灯搭配智能开关，还是全屋智能灯，建议开关都预留零火双线。

还要注意，智能开关的基座较大，一般不能控制超过三路灯，建议设置双开，以方便接线。如果灯路过多，就只能分开关控制，比如四路灯就要分成 2 个双开开关，而不能由一个四开开关控制。

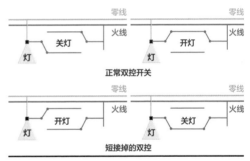

●双控改智能示意图

●将四开开关换成 2 个双开开关

做智能设计时不用留双控开关，实在不放心的话，也可以留双控，但后期使用时需要短接掉这个开关，直接使用零线和火线给开关供电。

小贴士

极简风居室的开关怎么设计？

如果你追求极简风格，不想看见任何开关，可以把全屋开关都设计在柜子中，仅靠语音、手机和智能屏操控。如果全屋都是智能灯，甚至可以省去所有的开关，缺点是不方便检修。

5 设计多少个插座才够用?

(1) 玄关

预留 2 ~ 3 个插座,其中玄关柜中间镂空位置的插座高度为 130 cm,方便一进门就给手机充电;还可以为小夜灯、烘鞋器、智能鞋柜等预留 1 个插座,高度为 15 cm(保证在开放格内)。

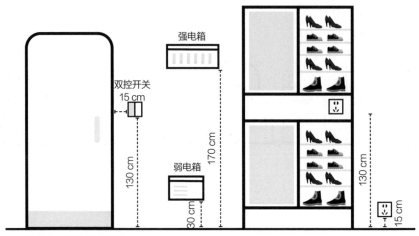

●玄关开关、插座高度示意

(2) 客厅

① 沙发背景墙区域

沙发背景墙区域一般需要预留 5 ~ 7 个插座,在沙发两侧分别设置 2 个高度在 30 cm 的五孔插座,方便为手机、平板电脑等充电,也可选择 USB 插座(虽然充电慢,但人多时真的很实用)。空调属于大功率电器,需为其配备 1 个 16 A 三孔插座,高度为 220 cm。如果客厅安装了投影仪,那么需要在沙发背后预留投影仪插座,高度一般是到顶。

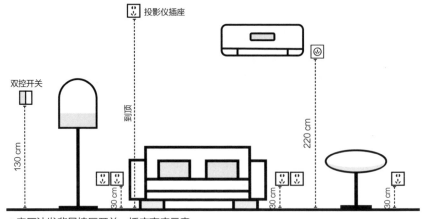

●客厅沙发背景墙区开关、插座高度示意

② 电视背景墙区域

客厅的电视背景墙区域一般需要预留4 ~ 8个插座,电视柜处的插座高度为40 cm,同时为净化器、风扇等客厅家电预留1个五孔插座,高度为50 cm。如果家里安装了立式空调,需要给空调预留1个16 A三孔插座,高度为50 cm。

此外,还有三点需要注意:一是可以在电视机柜附近预留2个四孔插座,因为此处的电器多为两头插头;二是不要把所有的插座都布置在中间,电视柜两侧至少各留1个插座;三是可以在电视机后方预留一根DN50PVC管(50管),方便穿线到电视柜。

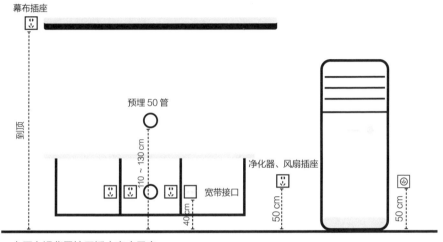

●客厅电视背景墙区插座高度示意

(3) 厨房

厨房是家居空间中使用插座最多的地方,至少需要10个,其中蒸烤箱插座的安装高度是160 cm,冰箱插座可预留在其侧面或顶部。需要为电饭煲、破壁机等小厨电配备3 ~ 4个带开关的五孔插座,距离台面的高度为30 cm。在水槽下方,为净水器、垃圾处理器、小厨宝等配备3个五孔插座,高度为40 cm。还需要为抽油烟机预留1个插座,高度为220 cm。此外,在灶台下方,为消毒柜或集成灶预留1个插座。

除了以上插座外,还可以为除湿机、电磁炉等小家电增加1 ~ 2个插座。如果厨房配有中岛,至少得再增加4 ~ 6个插座。

注意:烤箱、洗碗机的插座不能留在机器后边,为了方便插拔,最好留在旁边能开门的橱柜里。烤箱一定要预留4 mm²线,因为大部分中高端烤箱需要16 A插座。为冰箱单独预留一路线,这样长期离家,也可以保证这个回路不断电。

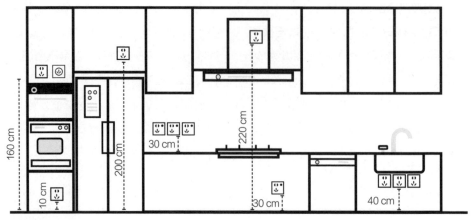

● 厨房插座高度示意

（4）餐厅

餐厅一般需要预留 4 ~ 5 个插座，主要供各种小电器及餐桌上的火锅、烤盘等使用。餐边柜附近的插座，距离餐边柜台面的高度为 20 cm；如果有条件，餐桌附近尽量不要使用地插，因为地插价格高，而且很容易损坏，耐用性差。如果冰箱摆放在餐厅，则需要为其预留 1 个五孔插座，高度为 50 cm。

注意：合理利用轨道插座可以减少开槽，提高插座布置的灵活性；燃气热水器的插座可以倒着装，从而避免电线 180°弯折。

小贴士

抽油烟机及灶具区上下都应设计插座

无论你选择传统灶具还是集成灶，最好在柜体上下都预留插座，后期无论选择何种方式都可以使用，而且在灶台下方增加消毒柜等用品也很方便。

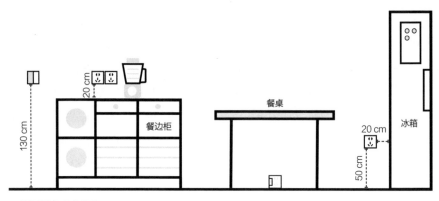

● 餐厅插座高度示意

（5）卧室

床头插座有两个高度，如果想要美观，插座可以隐藏在床头柜后面，然后把线引出来使用；如果强调实用性，则可以设计在床头柜之上，高度约为 70 cm。此外，还可以在衣柜中为挂烫机、除味器等预留 1 ~ 2 个插座，高度约在 130 cm。

在床对面，为卷发棒、美容仪等预留 2 个五孔插座，高度为 90 cm。在书桌附近，建议为电脑、台灯等预留 3 个五孔插座，高度为 30 cm。如果想隐藏处理，插座的高度可以相应降低些，现在很多书桌都配有专门的线盒。同时，为空调配备 1 个 16 A 三孔插座，高度为 220 cm。

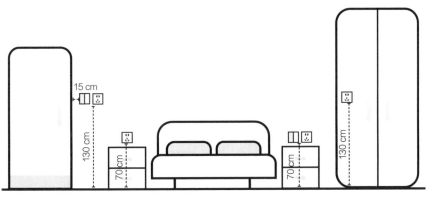

●卧室开关、插座高度示意 1

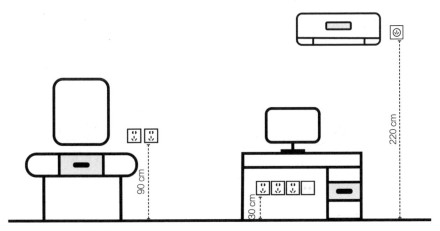

●卧室开关、插座高度示意 2

（6）卫生间

卫生间一般需要预留 4 ～ 6 个插座，供智能坐便器、热水器、洗衣机等使用，其中智能坐便器的插座高度为 40 cm，洗漱区附近的插座距离台面的高度为 30 cm，洗衣机、烘干机叠放时，插座的高度为 130 cm，略高于进水口。

如果使用电热水器，就一定要预留 1 个 16 A 三孔插座，因为电热水器功率普遍比较大。特别提醒：卫生间湿气比较重，靠近水源处的插座一定要带防溅盖。

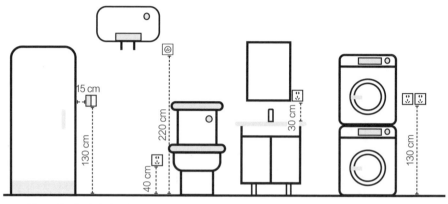

●卫生间开关、插座高度示意

●卫生间，在洗衣机柜体中侧面预留 2 个插座，高度约 120 cm

●浴室柜底部插座，距地高度约 140 cm，给电动牙刷、吹风机等供电

（7）儿童房

我家的儿童房设计了错位上下床，因此插座设计和常规略有不同。上床和下床处我统一设计了两个插座和一个开关，高度分别是 70 cm 和 190 cm。工作桌下部也设计了两个离地 30 cm 的插座，此外，我在窗户和走廊侧墙中间也都预留了插座。

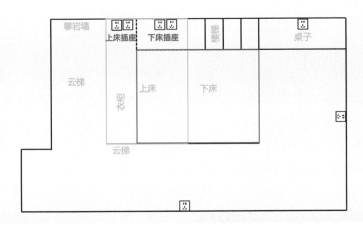

●儿童房错位上下床插座示意图

（8）其他

除了以上我们常见的插座，如果你家使用了智能窗帘，所有窗帘盒中都需要预留插座，当然，也可以只留一根线后期直接把智能窗帘线接上去。如果定制了家政柜，则建议在柜体内部距地 120 cm 处预留 2 个插座，为吸尘器、洗地机以及电钻等供电。插座千万不要留在柜子背面，而应留在柜子侧面，这样方便插拔。

●智能窗帘插座预留

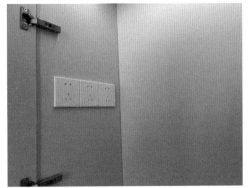

●家政柜中的插座

6 家庭影音设计攻略

想要正确设计家庭影音，首先要了解影音的设备类型。设备类型大致分为屏幕（电视机、投影仪）、音响和输入设备（功放、播放器、游戏机）三大类。

首先是屏幕，无论电视机还是投影仪，如果没有内置系统或追求更好的画质，则需要一根 HDMI 线来连接输入设备。其次是音响，可以直接连屏幕或播放器，高端有源音响可以直连，无源音箱则需要配置功放来保证音响效果。最后是各种输入设备，可以通过功放、播放器或分配器实现同时接入屏幕和音响。

●投影仪和幕布

接下来我结合自家的影音设备和大家聊聊三种布线方式。我家的屏幕设备有投影仪和电视机，音响是有源音响，输入设备有电视盒子、高清播放器和游戏机。

（1）标准做法

先买个功放作为核心，输入端接入电视盒子、高清播放器和游戏机，输出端接入电视机和投影仪，所有音响可以通过光纤音频线接到功放上。

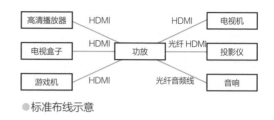
●标准布线示意

（2）简化做法

为了方便布线，我买了用蓝牙连接的有源音响，无须购置功放和提前预埋复杂的音频线，有电源即可使用。音响背后三个输入口分别接电视盒子、高清播放器和游戏机，输出口连接分配器，然后再接电视机和投影仪。

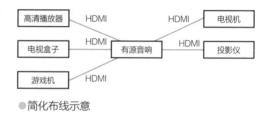
●简化布线示意

（3）定制做法

我担心分配器会损失画质，因此又明确了自己的需求。电视机刷新率高、色彩好，主要用于看直播节目和玩游戏，而投影屏幕大、沉浸感好，主要看电影和刷剧。我最终采用了定制方案，把电视机和投影仪的线路分开，避免多次转接导致画质损失。

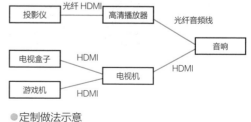
●定制做法示意

电视盒子和游戏机分别使用 HDMI 线直连电视机，电视机用 HDMI 线 EARC 接口连音响。高清播放器使用光纤 HDMI 线直连投影仪，然后用光纤音频线直连音响的 OPT 接口。这样画面的输出端彻底分开无须转接，而音频也都是直连音响。

● 98 英寸电视机

（4）线材要点

投影仪的 HDMI 线可以使用光纤 HDMI 线——线径更细，方便穿管（千万不能弯折）。但要注意光纤 HDMI 线是单向传输的，千万别搞错了方向，Display 端接显示器（投影仪），Source 端接信号源（播放器）。

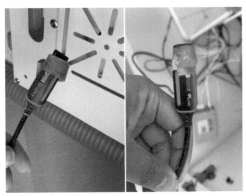
● 光纤 HDMI 线

电源方面，除了电视机、投影仪、音响以及各种信号源需要预留插座外，电动幕布和电动升降架也要预留电源。为了隐藏线路，电视机背后可以预埋一根 50 管，将弱电和各种设备线都放在电视机后面。注意不要在电视机中间位置打孔，会影响支架安装。

选择连接方式时一定要确认电视机是否支持 ARC（音频回转通道）、播放器是否支持 HDMI 视频及光纤音频同时输出等细节。如果不支持，要及时调整接线方式。

● 投影幕布电源

（5）位置设计

很多业主觉得影音设计只要把线拉过去就可以，如果你也这样认为，肯定得返工！设计好线路后，还要确认屏幕高度。

正常坐姿下，人眼睛的离地高度约为 120 cm（根据习惯仰视或俯视电视机而定）。我家电视机是 98 英寸，显示器高度为 126 cm，因此电视机离地高度在 57 cm 比较合适，考虑我一般都是躺在沙发上仰视屏幕，最终离地高度定在 60 cm。

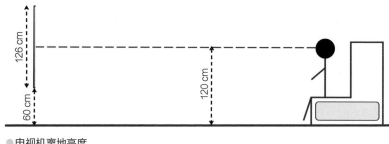

●电视机离地高度

150 英寸幕布的高度是 187 cm，视线中心建议为画面 1/3 ~ 1/2 处。同样按照 120 cm 中心距离计算，离地高度在 27 ~ 57 cm 之间，为了不挡音响，我选择了离地 48 cm 的高度。

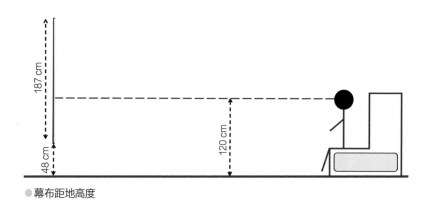

●幕布距地高度

到这里定位并没结束，因为我使用的是电动幕布，还需要根据房屋净高和幕布底边的高度确认上部黑边高度。吊完顶后房屋的净高是 2.9 m，幕布离地 48 cm，幕布高度是 187 cm，因此幕布上部黑边需要大概 55 cm。

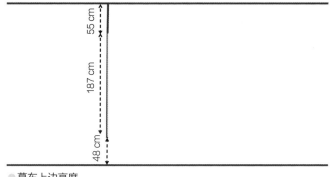

●幕布上边高度

再来看投影仪的位置，150 英寸幕布的宽度为 332 cm，受限于空间，我家幕布到投影镜头的最大距离不能超过 430 cm。因此投影投射比不能大于 1.29，这里的距离指的是镜头前部到幕布的距离，而不是机器尾部到幕布的距离。

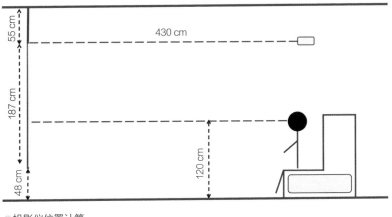

●投影仪位置计算

高度也很重要，投影仪镜头的高度要和幕布上沿高度一致。虽然我家的投影仪搭载了垂直镜头调整，偏差 10° 以内都可以用自动梯形矫正，但为了最优画质尽量不要使用梯形矫正。

●投影仪高度

小专栏

装修前一定要预埋这几根 50 管

想要装极简风格，管线一定要隐藏好，可以在强电施工时就预埋几根 50 管，通过穿管的方式减少线路外露，美观又实用。提前埋好这些 50 管，绝对能做到小成本、大升级。

◎电视背景墙处

很多人说把插座留在电视机后方，就不用预留 50 管了。我还是建议预埋一根 50 管，现在家用设备越来越多，你想不到后期还需要接哪些。电视机背后的电源虽然可供电视机、有线电视机顶盒等使用，但是游戏机、音响、专业播放器等设备还是 50 管穿线更方便。

●电视背景墙处的 50 管预留

◎燃气热水器

厨房中的燃气热水器的燃气管道外挂严重影响"颜值"，可以预埋一根 50 管，通过穿管的方式把燃气管道隐藏起来，这样厨房会显得更干净整洁。但也要注意当地政策，一些地方不让预埋燃气管道，只能通过橱柜隐藏。

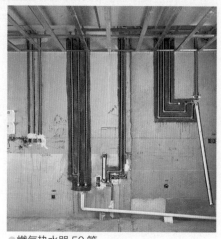

●燃气热水器 50 管

◎洗手盆墙排下水

墙排下水的优点很多，比如"颜值"高，易清洁，节省空间（提升浴室柜收纳力）等。洗手盆的 50 管一定要设计 90°出墙，传统的 45°出墙只能使用螺纹管，防臭效果差，水流慢。如果是 90°出墙，则可以搭配墙排专用 P 形下水，并配合小组件，灵活改变柜体的安装位置。

●洗手盆下水 50 管

◎壁挂洗衣机

壁挂洗衣机的普及度也越来越高，不想让进出水管和电源线露在外边的话，同样可以预埋一根50管，将管线引到不明显的地方，尽量设计45°出墙，这样更容易穿线。

●壁挂洗机下水50管

◎投影仪留线

如果你家使用的是传统灯泡机，那么一定要预留HDMI线到播放器处，便于后期换线。

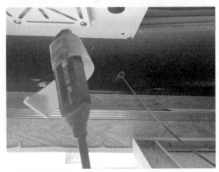

●投影仪留线

◎管线饮水机留线

通常，管线饮水机预埋的做法是在50管里面穿2根PE管，从净水器走到管线饮水机背面。但PE管的寿命只有5年，而且管线走得太远，后期很难穿管更换。建议直接预埋PP-R管，从净水器走到管线饮水机下的柜子（正规PP-R管通过了饮用水标准，不必担心污染问题），然后两头再转接PE管和电线一起穿50管到管线饮水机。

●管线饮水机50管

◎等电位

等电位是电路设计中最容易被忽略的，很多时候卫生间的等电位盒会被直接封死。为了安全起见，最好在卫生间做等电位连接，线路中需要包括卫生间内的金属物品，例如金属给排水管、金属采暖管、金属花洒等。如果你家没接等电位，也不用太过焦虑，现在水管大多为PP-R材质，不会因为电热水器漏电或雷击导电给人带来人身伤害。

●等电位端子箱

第 2 节

弱电施工

1 关于弱电设计的常识

强电设计主要是指家庭中开关、插座的线路设计；而弱电设计则是家中电话、视频、网络等的线路设计，比如网络线路。在网络对我们生活影响如此之大的今天，弱电设计也一定不能忽视。

弱电设计方式

方式	适用场景	优点	缺点
吸顶 AP	企业、别墅	网速快，覆盖范围广	价格高，调试复杂
AP 面板	家用	美观度高，布置简单	容易发热，导致网络延迟
有线 Mesh	家用	网速快，设计简单，价格低	需提前布线，子路由体积大
无线 Mesh	家用	无须提前布线，改造难度低	距离远，子路由器网速会明显减弱
FTTR	家用	理论网速更快，布线更隐蔽	受限于总线，千兆封顶，无法再次提速

小贴士

确保路由器的信号最多穿越一堵墙

无论使用何种方式，尽量保证路由器的信号在直线上最多穿越一堵墙。例如右图是我家路由器的位置设计示意，一主三副完全能够覆盖全屋范围。

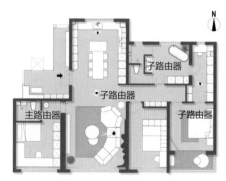

● 路由器设计

2 弱电施工及验收要点

关于网线的选择，超五类网线就能满足千兆需求，但六类网线会内置骨架将双绞线分隔，抗干扰性更强，价格也不贵。六类屏蔽线和七类线价格高、柔韧性差，家用完全没必要。

弱电施工及验收要点

项目	要点	是否达标	必要性
强弱电布线	强弱电不能同管穿线		必须达标
	强弱电线盒间距为 30 ~ 50 cm		尽量达标
交叉处理	强弱电管交叉处要包裹锡箔纸，降低干扰		尽量达标
铺设规范	弱电必须整线穿线敷设，中间不能有接头		必须达标
光纤规范	转弯角度需大于 100°，转弯半径在 24 cm 以上		必须达标
弱电箱设计	尽量大点，注意插座预留		必须达标
	弱电线路用标签标记准确		必须达标
弱电移位	尽量从楼梯间的总路重新接线		尽量达标
路由器设计	电源和网线都留到柜子内或中央空调检修口内		尽量达标
接头选择	接头使用 568B 标准线序		必须达标
	光纤接头用 SC-SC 光纤跳线或者 LC-LC 光纤线		必须达标

① 强弱电分开布线

强弱电不能同管穿线，在同一管道内会有干扰。尽量保证两者间距在 30 cm 以上。如果条件允许，那么强弱电线盒间距最好能达到 50 cm。

② 强弱电管交叉处理

强弱电管交叉处需要包上锡箔纸，这样可以降低干扰。

●确保强弱电箱间距至少在 30 cm 以上

●强弱电管交叉处包裹锡箔纸

③ 整线穿线敷设

弱电线路采用整线穿线敷设，中间不能有接头，以便后期维修和升级。

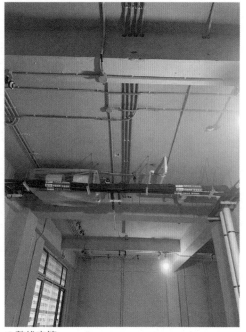
●整线穿管

④ 光纤规范

如果使用光纤线，那么转弯角度需大于100°，转弯半径在 24 cm 以上，从而保证光纤线可以更换。

●转弯角度需大于100°

⑤ 弱电箱设计

弱电箱可以设计得大一点，也可以直接用柜子代替，统一将光调制解调器（光猫）、主路由器和交换器放进去，需要注意预留插座。

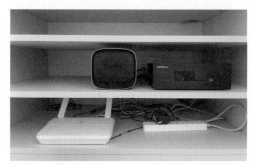
●用柜子代替弱电箱

⑥ 弱电移位

如果想要移动弱电箱的位置，最好从楼梯间的总路重新接线，这样可以彻底放弃之前的弱电箱。

⑦ 路由器设计

如果想隐藏子路由器，可以把电源和网线都留到柜子中或中央空调的检修口内，这样既不影响信号，又不会露出产品。

●将子路由器藏在空调检修口内

⑧ 网线接头选择

不同网线对应不同的水晶接头，接线时使用 568B 标准线序即可。

水路施工

1 水路设计及水路材料的选择

（1）家庭水路设计

这次直接把净水水路设计和冷热水水路

设计合并到一张图中，和大家聊聊水路施工时各类设备的注意事项。

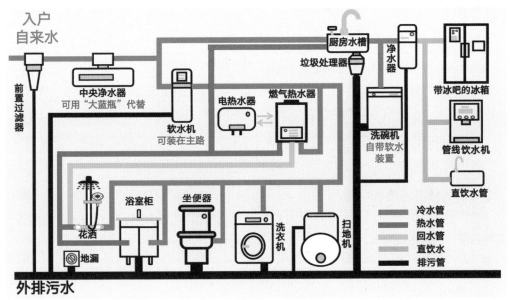

●家庭水路设计示意图

总水路接前置过滤器，初级过滤大颗粒杂质，然后再接"大蓝瓶"（一种净水器）或中央净水器，进一步过滤杂质并吸附异味。

接下来是软水机，建议将总水路先分成两路：一路冷水直接进厨房；第二路先接软水机再分两路，一路接燃气热水器后再分到各个用水点，另一路直接接生活用水的冷水路给阳台和卫生间。

●前置净水器和"大蓝瓶"

反渗透净水器用来过滤直饮水，放在水槽下即可。如果还想使用管线饮水机，那么千万别买净热一体式的，否则会因为电子龙头的存在导致无法送水。

热水水路需要提前确认是使用燃气热水器还是电热水器，以及是否使用回水水路，然后再参考家庭水路设计图来进行水电位预留。

用水设备的安装及预留要点

设备	作用	安装要点	预留要点
前置过滤器	过滤大颗粒杂质	放在管道井或橱柜内	预留排水
中央净水器或"大蓝瓶"	过滤并吸附杂质	放在管道井或橱柜内	预留足够空间
软水机	软化水质	总水分两路，一路冷水进厨房，一路接软水机	预留电源、下水
反渗透净水器	净化直饮水	安装在水槽下方	预留上下水和插座
管线饮水机	直饮水多档控温，减少接水路径	直接预埋 4 分 PP-R 管，两头再转接 PE 管	预留进水和电源，注意预埋 50 管
热水器	生产家用热水	提前确认是燃气热水器还是电热水器，以及是否预留回水水路	预留进水口和电源，零冷水水路设计留回水水路

（2）水路材料的选择

水管建议选择 PP-R 管——耐热性好，安装方便，而且连接可靠。

排水管建议选择 PVC 材质，坐便器的管道内径为 110 mm。常规下水管的内径一般为 50 mm 或 75 mm。

水路材料的选购要点

项目	要点	是否达标	必要性
PP-R 管	冷水管壁厚尽量在 3.2 mm 以上		必须达标
	热水管壁厚尽量在 3.5 mm 以上		必须达标
	主管选内径为 32 mm 或 25 mm 的管道		尽量达标
	一卫一厨用内径为 20 mm 的管道		尽量达标
	两卫一厨用内径为 25 mm 的管道		尽量达标
	别墅用内径为 32 mm 的管道		尽量达标
PVC 管	坐便器管道内径一般为 110 mm		必须达标
	下水管的径为 50 mm 或 75 mm		必须达标

2 水路施工及验收要点

水路改造大体分为六个步骤：弹线定位、水路开槽、铺设管线、热熔焊接管路、打压试水和封槽。

水路施工及验收要点

项目	要点	是否达标	必要性
冷热水管铺设	水管不能和电线管共用管道槽		必须达标
	水平平行安装时，上热下冷；垂直安装时，左热右冷		必须达标
	两管平行间距为 15 cm		必须达标
出水口设计	冷热水管出口定位按照左热右冷，间隔 15 cm		必须达标
	台盆出水口高 50 cm，花洒出水口高 110 cm		尽量达标
	出墙尺寸一般为 25 mm		必须达标
热水管包管	吊顶内需要包裹保温棉，墙壁管槽需要刷防水层		尽量达标
热熔接管	水路必须用接头相接		必须达标
	热熔时间按照标准执行		必须达标
水管交叉	冷热水管交叉处使用过桥弯		必须达标
水管穿墙	穿墙管一定要使用金属保护套，并进行封堵		必须达标
管卡设计	水管需采用同管径的管卡固定		必须达标
	冷水管卡间距 60 cm，热水管卡间距 30 cm		尽量达标
	三通转弯处需在 15 cm 内增设管卡		尽量达标
零冷水水路设计	可以提前设计回水水路		尽量达标
预埋卫浴	各类预埋卫浴设备需要提前购买进行预埋		必须达标
打压试验	水管打压 0.8 MPa，2 小时内下降不得超过 0.05 MPa		必须达标
标识规范	所有水路系统及对应阀门、回路都需要标识明确		必须达标
排水试验	6 秒钟内灌入不少于 5 L 的水，排水通畅		必须达标
检修口预留	千万不要封死下水管检查口		必须达标
完工保护	水电线路需要拍照留底		必须达标
	瓷砖完工后粘贴标识贴		必须达标
	冬天工人离开时要把管路中的水排空		必须达标

水路施工流程

◆ 弹线定位　▶　◆ 水路开槽　▶　◆ 铺设管线　▶　◆ 热熔焊接管路　▶　◆ 打压试水　▶　◆ 封槽

① 水管和电管不同槽

水管不能和电线管共用管道槽，若条件有限，可用保温棉或水泥砂浆做间隔处理。

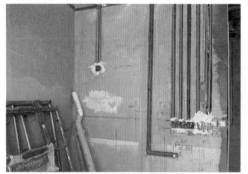

●水管和电管分槽

② 冷热水布管原则

冷热水管水平平行安装时，上热下冷；垂直安装时，左热右冷。两管的平行间距为15 cm，并且确保接口在同一平面上。

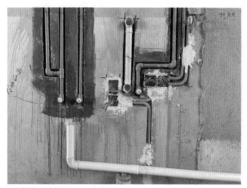

●冷热水间距一般为15 cm

③ 出水口设计

冷热水管出口左热右冷，间距为15 cm，且出墙高度必须一致。一般台盆出水口高为50 cm，花洒出水口高为110 cm。水口出墙尺寸一般为25 mm，尺寸短了无法安装阀门，长了无法完全遮盖装饰盖。

●出墙高度必须一致

④ 热水管包管

为了防止冷凝水，吊顶内的热水管要包裹保温棉，墙壁管槽需要涂刷防水层。

●吊顶内的热水管包裹保温棉

⑤ 热熔接管

水路管道必须用接头相接，一般有弯头（45°、90°）、三通和直接头三大类。接头处使用热熔技术，热熔时间按照标准执行，焊接口在同一轴线不得旋转。

● 热熔水管

热熔时间表

管径（mm）	20	25	32	40	50	63	75	90	110
热熔时间（s）	5	7	8	12	18	24	30	40	50

热熔时间太久，会导致内壁变厚，管径变小，水压下降时很难找到原因；热熔时间太短，可能固定不稳，导致后期漏水。

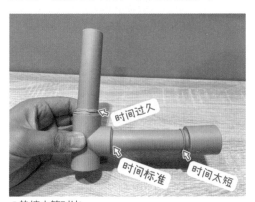

● 热熔水管对比

⑥ 管道相交位置的处理

冷热水管交叉处要使用过桥弯，不能直接交叉相压或多弯头交叉。

● 冷热水管相交处使用过桥弯

⑦ 水管穿墙

穿墙管一定要使用金属保护套，并封堵严密，防止产生异响，影响生活。

● 用金属保护套

⑧ 管卡设计

水管采用同管径的管卡固定，冷水管卡间距为 60 cm，热水管卡间距为 30 cm，三通转弯处需在 15 cm 内增设管卡，确保水管牢固稳定。

● 用同管径的管卡固定

⑨ 零冷水水路设计

使用零冷水燃气热水器可以提前设计回水水路，防止后期冷水管中也是热水。

⑩ 预埋卫浴

墙排龙头、暗装花洒以及壁挂坐便器都需要提前购买进行预埋。

⑪ 打压试验

管道安装完毕后，进行打压试验。水管打压压力为工作压力的 1.5 倍，压力值至少达到 0.8 MPa（一般为 0.8 ~ 1.2 MPa）。打压后保证压力值在 1 ~ 2 个小时内下降不得超过 0.05 MPa。

●打压试验

⑫ 标识清晰

所有水路系统及对应阀门、回路都需要标识清晰明确，防止后期区分不清。

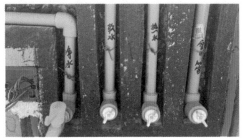
●标注水路

⑬ 通水试验

对所有排水管、排污管进行注水检测，一般来说 6 秒钟内灌入不少于 5 L 的水，检查其是否通畅。

●通水实验

⑭ 预留检修口

千万不要封死下水管检查口，以备不时之需。

⑮ 完工保护

水电路施工完成后，需要拍照留底，并在瓷砖完工后粘贴标识贴。

如果在冬天施工，那么工人离开时要把管路中的水排空，防止夜晚低温导致水管破裂。

●完工后记得粘贴标识贴

3 下水管设计和施工注意事项

除了冷热水管外，下水管的设计和施工也十分重要，它关系着全屋污水的排放和反味儿等问题。

下水管设计与施工要点

项目	要点	是否达标	必要性
排水方式	同层排水不能设计存水弯		必须达标
	异层排水坐便器位移不要超过1m		必须达标
地漏设计	尽量远离门口，不要设计在角落		尽量达标
	检查原下水口高度，不能悬空安装		必须达标
二次排水	同层排水应做二次排水		尽量达标
	异层排水没必要设计二次排水坡		尽量达标
墙排浴室柜	采用90°下水，做P形下水硬管		必须达标
接头设计	排水管用45°三通设计，以免大量排水时返水		必须达标
返水弯设计	不要设计在墙内或地下		必须达标
	同层排水可以采用集成下水		必须达标

（1）排水方式

常见的排水方式有同层排水和异层排水，新房同层排水和异层排水都有，老房大多是异层排水。

同层排水的下沉式卫生间，改造自由度大，不论是坐便器位移还是增加地漏都很方便，但同层排水要使用自带存水功能的地漏和集成下水用于防臭，千万不要同层排水设计存水弯，一旦堵塞无法检修。

异层排水的存水弯是在下一层，如果要位移坐便器，尽量不要超过1m（不建议使用坐便器移位器）。

●异层排水

●同层排水

（2）地漏设计

地漏尽量远离门口，以防水汽侵蚀门；也不要设计在角落里，不然后期清理十分麻烦。安装地漏前要检查原下水口的长短，如果太短，一定要用PVC管做延长处理，或者在空隙处填补堵漏王，千万不能悬空安装。

● 地漏位置

（3）二次排水

涂刷防水可以防止积水渗透到楼下，同层排水设计中瓷砖和楼板间的回填层有很大的厚度，这就需要通过二次排水来解决回填层的积水问题。异层排水地砖和砂浆层之间基本没有厚度，没必要增加二次排水坡度。

● 二次排水工具

（4）墙排浴室柜

想要墙排浴室柜，一定要采用90°下水，这样可以做P形下水硬管，防臭效果好、下水速度快。斜插排水只能使用软管直接接入，防臭效果和下水效果略差。

● 90°墙排

（5）接头设计

排水管接头处采用45°斜三通排水法，避免多管道同时大量排水时造成返水现象。

● 45°斜三通

（6）返水弯设计

返水弯不要设计在墙内或地下，否则日后维修很困难，同层排水可以采用集成下水。

4 预埋卫浴的安装要点

本节的预埋卫浴主要包括：壁挂坐便器、入墙式龙头、预埋花洒、落地式龙头和浴缸。

预埋卫浴的安装要点

项目	要点	是否达标	必要性
壁挂坐便器	不限制位移距离，但转弯不能超过两次		必须达标
	明确挂墙螺栓高度，保证坐便器高度为 45 cm 左右		必须达标
	背面若是轻体砖，则必须加固		必须达标
	根据需求提前预埋水电线路		必须达标
入墙式龙头	注意龙头居中，确认位置是否和谐		必须达标
	确定完成面尺寸的具体范围和冷热水管间距		必须达标
	离地高度为 100 ~ 105 cm（可根据身高，在高低 5 cm 内微调）		必须达标
预埋花洒	注意预埋件预埋深度和水平位置		必须达标
	左热右冷，位置不能接错		必须达标
	旋钮混水阀建议距地 120 cm，顶喷混水阀距地 220 cm		尽量达标
落地式龙头	注意预埋深度，确认地面回填后的瓷砖完成面		必须达标
	确定浴缸和龙头的位置		必须达标
	如果浴缸有倾斜角度，则龙头应随之调整		必须达标
浴缸	下水口避开正下方，在一定范围内可调整		必须达标
	独立浴缸无须打胶，调平即可		必须达标

（1）壁挂坐便器

预埋卫浴中应用最多的就是壁挂坐便器。为什么大家会选择壁挂坐便器？显而易见的理由是壁挂坐便器可以离地，方便打扫。但壁挂坐便器的设备和安装成本都不低，真的有必要为了好打扫而选择壁挂坐便器吗？

其实，壁挂坐便器还有两个优点：一是位移方便，只要坐便器设计在主下水管两侧墙面，就可以随意移动，不超过两次折弯长距离即可；二是增加收纳空间，壁挂坐便器的水箱隐藏在墙内，需要做假墙，假墙上方的空间可用于收纳。

要特别注意安装高度，例如我家这款坐便器要求挂墙螺栓安装高度在33 cm左右，这样才能保证坐便器高度为45 cm。

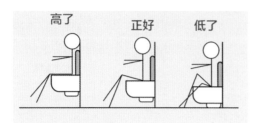

●完工后的壁挂坐便器

●壁挂坐便器安装高度示意

除了高度，壁挂坐便器是否牢固也很重要。如果坐便器背面是轻体砖，施工时必须进行加固。加固的方式有两种：一是在背面加角钢，直接穿透墙面固定；二是在正面加折弯的钢筋，并砌多孔砖，让水箱和墙形成整体。

●用钢筋固定

水电方面，一体预埋款无须插座，直接在规定的地方预留电线即可。如果不是一体预埋款，记得预留插座。壁挂坐便器的安装难度并不大，只要前期预埋到位挂上即可。遥控器可以先不固定，后期入住后再根据使用习惯粘在墙上。

（2）入墙式龙头

入墙式龙头有单柄和双柄两种，如果是单盆龙头，居中即可。我家原计划使用1 m长大单盆配双龙头，最初我买了单柄龙头，龙头在左，手柄在右。如果面板居中，那么两个龙头就偏了，如果龙头居中，那么手柄就到盆外边去了。因此我最后换成了双控龙头，这样才能保证居中，所以大家预埋时一定要注意龙头居中是否和谐。

具体预埋也不复杂，预埋件上有完成面尺寸的范围。注意：贴砖还会占用大概2 cm的厚度，完成面指的是瓷砖完成面，如果墙面不贴砖，就要埋深点。还要注意冷热水管（左热右冷），千万别接错了。

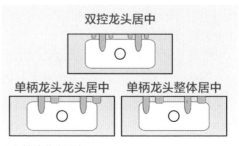

●入墙式龙头示意

离地高度建议为 100～105 cm，也可以根据居住者的身高进行微调。注意：台盆高度也要跟随龙头高度进行调整（台盆建议距离龙头 15 cm）。前期预留好，后期安装也没难度。如果深度预留得不合适，那么锁扣可能无法锁死，只能打胶固定装饰面板。

●预埋龙头

（3）预埋花洒

预埋花洒的安装关键是两个预埋件，标有完成面位置，注意预埋深度即可。关键是预留高度，下边的旋钮混水阀建议距地 120 cm，上边的顶喷混水阀建议距地 220 cm。虽然手持接水高，方便手持冲洗，但既然用了预埋花洒，和按键水平更好看。

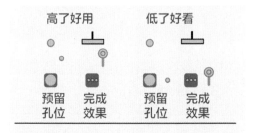
●预埋花洒示意

相比预埋龙头，预埋花洒的容错度要更高，有较大范围可调节的预埋深度，安装时仅需切割开预埋件后塞入水阀，最后再安装装饰盖。注意：安装水阀后，一定要试试各个出水口的水流量是否够大，如果水流量太小，则多半是水阀错位导致的，可以旋转调整保证水流量达标。

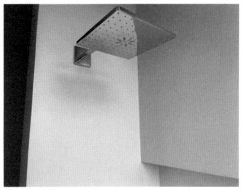
●预埋花洒完成

（4）落地式龙头

安装时注意落地式龙头的预埋深度，后期贴砖地面完成面可能会改变，一定要提前确认地面完成面，根据地面完成面进行预埋。此外，还要确定浴缸和龙头的位置：近了，龙头和浴缸"打架"安装不上；远了，龙头出水进不了浴缸。

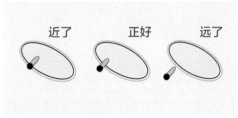
●落地式龙头预埋示意

安装同样难度小，切割好预埋件后直接安装即可。有一点需要注意，如果浴缸倾斜摆放，那么龙头预埋水阀时也需要根据浴缸角度进行倾斜。例如我家浴缸采用倾斜设计，但是龙头依然正着预埋，因此安装时只能卸掉限位螺钉，手持和手柄位置略显不协调。

浴缸的安装重点是固定下水口，入门款浴缸一般是直接把管子插入 50 管并打胶密封。高端浴缸有专用的下水，直接把管子固定牢固即可。浴缸本身无须打胶，调平即可，因为浴缸重量加水的重量至少有几百斤，不必担心使用时浴缸会移动。

●落地式龙头

●浴缸专用下水

（5）浴缸

浴缸下水口要避开正下方，建议提前在地面画浴缸下水的预留范围，以防留错位置。

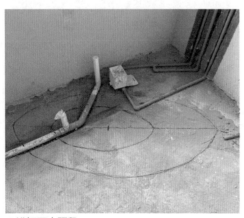

●浴缸下水预留

●独立式浴缸

中央空调的选购与安装要点

1 认识空调的种类

空调主要分为三大类，分别是中央空调、分体式空调（壁挂、立式）和风管机。

（1）中央空调

中央空调的优点是美观，节省空间，仅需一个室外机就可以带动多台室内机，例如一拖三、一拖五。如今，大多新小区都只有一个空调机位，例如我家就是只有一个机位，而且 24 楼也不允许挂室外机。中央空调的成本和能耗较高，而且安装时必须做吊顶。

●中央空调室外机

（2）分体式空调

分体式空调价格差异较大，可根据自己的预算和功能需求来选择合适的款式。分体式空调安装比较方便，无须吊顶，但无论壁挂还是立式都无法隐藏，且需要多个机位来放置室外机。

●壁挂空调

（3）风管机

风管机是指风管式空调机，和分体式空调一样都是一拖一设计，但外观和中央空调一样，主机需要隐藏在吊顶中。如果你追求"颜值"且预算不高，那么风管机是最佳选择（需要放置多个室外机）。

> **小贴士**
>
> **不能只为了好看，而把空调挂机藏在定制柜中**
>
> 很多业主为了好看会把空调挂机藏在定制柜中，这种方式万万不可取，因为出风口和回风口都在一个空间中，出风口的风直接被回风口吸走，导致空调错误判断室内温度，提早停机，无法达到设定的温度。

2 中央空调的选购要点

（1）制冷量

空调"匹"数是为了便于用户直观地理解，但并不规范。设计中央空调一定要看制冷量。家用空调可按照 180 ~ 220 W/m² 来计算，如果条件允许，则客厅可以按照 250 ~ 300 W/m² 计算。

我家客厅的面积是 28 m²，我选择了 5.6 kW 的室内机，20 m² 的餐厨空间用了 3.6 kW 室内机，三个卧室（16 ~ 19 m²）都是 3.6 kW 室内机，主卫 12 m² 是 2.8 kW 室内机，室内机总计 22.8 kW。

确认好各内机后，就要确认室外机，我家铺有地暖，无制热需求，因此室外机选择了 18 kW，超配了 127%（室内室外机超率配不能超过 130%）。即使室内机全开，达到设定温度后，主机也能很快降频，不影响使用寿命；如果需要制热，则不建议超配了。

● 中央空调室内机

（2）三管制和两管制

对大多业主来说，搞懂制冷量就足够了。如果你对除湿有要求，则可以选择三管制中央空调。中央空调两根铜管、一根排水管为两管制，三管制中央空调会多一根铜管，既能除湿，也能保证恒温。

● 三管制空调管路铺设

（3）附加功能

中央空调的其他功能都属于辅助功能，多一样就需要多花一些钱，可根据自己的需求选择。我觉得最有用的辅助功能首先是自清洁功能。空调长时间不清理会对人体造成很大的危害，而自己又很难彻底清理，因此空调具备自清洁功能就不必再花钱请人了。其次是无风感设计，即多角度送风，甚至可以配合智能感应避开人所在空间。最后是操控方式，传统空调需要遥控器来操控，每次用时要到处找遥控器。有的会标配线控器，在线控器上随手操控空调。更高端的还可以直接手机连接 APP 来进行远程操控。

● 智能线控器

3 中央空调的安装流程及验收要点

中央空调的安装流程我也总结了一个表格，方便大家对照验收。

中央空调的安装要点

项目	要点	是否达标	必要性
确认打孔位置	避免打到钢筋、电线		必要达标
	物业不允许在梁上打孔的，只能绕梁设计		必要达标
安装室内机	室内机安装要水平牢固		必要达标
	室内机后侧距墙不小于 10 cm		必要达标
	螺栓使用上下双螺母		尽量达标
	侧出侧回、下出下回的出风口和回风口需距离 1.5 m 以上		必要达标
	安装完毕后，室内机做防尘处理		必要达标
安装室外机	不要遮挡室外机风口		必要达标
	使用螺栓固定在胶垫上		尽量达标
	室外机管道顺直铺设并增加保护套		必要达标
安装冷媒铜管	焊接时用氮气保护		必要达标
	连接处必须用分歧管，需要水平或垂直安装		必要达标
	套保温棉时铜管端口需要密封穿管		必要达标
	铜管弯折时使用专业的工具弯折		必要达标
	铜管支架间距为 0.8 ~ 1 m		尽量达标
	转弯或穿墙处增加吊卡		必要达标
安装冷凝水管	冷凝水管必须找坡度，以便排水		必要达标
	软管是用于避免共振的，不能弯曲		必要达标
	需要在最高点设计通气孔并增加防尘罩		必要达标
	安装完毕后进行排水试验，保证通畅		必要达标
	管路敷设平整规范		尽量达标
保温处理	保温棉连接处使用专用胶、宽胶带		必要达标
电源与通信	空气开关设计合理		必要达标
气密性试验	保压 24 小时，防止漏氟		必要达标
	抽真空，保证真空度达到 -0.1 MPa 以上		必要达标
	按照技术资料准确计算充注的冷媒剂		必要达标
辅料选择	铜管选择壁厚均匀的紫铜		必要达标
	保温套管选择橡塑发泡保温管		必要达标
	吊杆建议选直径为 10 mm		尽量达标

中央空调的安装流程

◆ 确认打孔位置 ▶ ◆ 安装室内机 ▶ ◆ 安装冷媒铜管 ▶ ◆ 安装冷凝水管 ▶ ◆ 安装室外机 ▶ ◆ 系统保压 ▶ ◆ 抽真空 ▶ ◆ 追加充填冷媒 ▶ ◆ 安装风口

① 打孔位置

事前与物业确认中央空调管路的位置，既不能打到钢筋、电线，又不能破坏墙体的承重结构。通常小区是不允许在梁上打孔的，只能绕梁设计。

●确定打孔位置

② 安装室内机

室内机应水平牢固，顶部距天花板不小于 10 mm，以免机器紧贴顶面产生共振。后侧距离墙体不小于 10 cm，以防回风量过小。

●固定室内机

风口设计上，除了常规的侧出下回外，无论侧出侧回还是下出下回，出风口和回风口都需要距离 1.5 m 以上。低静压的空调不建议超过 3.5 m，如果风道太长就只能调静压了。

如果做风道，那么转弯处不能大于45°，风道材质最好选择镀锌铁皮；层高不足的话，酚醛板也可以，拼接处需要做45°斜角，不能直接固定在表面铝膜上，否则后期会开裂。

●风道设计

吊杆用上下螺母固定，底部可增加双螺母固定，并加装双重防震垫，从而保证运行时室内机牢固，避免共振，减少空调运行时的噪声。

●上下螺母

室内机安装好以后，需要做防尘处理，将送回风口封堵严密。千万不要小看了这一步，如果不做防尘处理，那么风机内可能会进入异物，影响后期正常使用。

③ 安装室外机

作为空调的核心——室外机的安装也至关重要，安装位置要保证出风侧距离墙体不小于 20 cm，这样才能保证散热效果。不要遮挡前部出风口，如果前面有墙体遮挡，则需要抬高室外机，保证出风口前侧没有阻挡，通风好才能保证热交换效果。

●确定室外机位置

室外机要用减震橡胶垫，并保证安装时用手轻推不晃动，确保螺栓固定牢固，从而减少运行时产生的噪声。除了保证室外机的管道顺直、牢固外，还要加保护套管，这样既能起到保温隔热的作用，还能避免管路风吹日晒老化。

●室外机减震垫

④ 安装冷媒铜管

连接处必须用分歧管，分歧管应水平或垂直安装，并保证前端或分歧管间的间距大于 50 cm。焊接时用氮气保护，焊接完成后还要用氮气吹扫，防止氧化皮堵塞管路（安装过程中可以抽查，否则安装完后看不见）。经氮气保护的铜管虽然外部都黑了，但内部还是光亮如新。

●焊接时用氮气进行保护

检查所有接口和弯折处是否有暴力操作导致铜管变形。管路的弯折都要用专用工具，保证弯折角度便于冷媒顺畅流动。角度过小容易造成冷媒流动受阻，影响使用效果。穿管时所有铜管端口都需封堵严密，防止异物进入造成二次污染。

●接口弯折

管路安装时要保证两个支吊架的间距为0.8 ~ 1 m，并在拐弯处增设吊卡。穿墙处同样需要增设吊卡，并设计套管保护。吊卡支架的材质建议选择镀锌或304不锈钢。

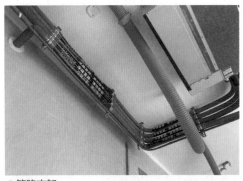
●管路支架

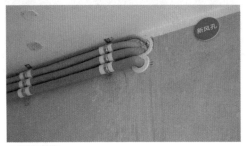
●穿墙套管

⑤ **安装冷凝水管**

冷凝水管安装最重要的就是坡度，室内机排水口坡度应不小于1%。如果排水不畅，低端机型可能会漏水泡顶，中端机型会频繁停机，高端的机型有提升水泵不必担心。当然，也可以后期加提升水泵实现排水。

吊架和铜管共用距离为0.8 ~ 1 m，排水软管是为了减少共振，不能弯折，尤其不能作为弯头。冷凝水管最高点需设置通气孔，上端弯头要加防护盖，防止杂物进入。全部安装完成后，还要进行满水及排水试验，确保排水畅通。

●排水软管不能弯折

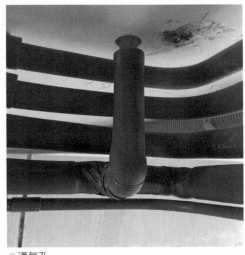
●通气孔

⑥ 保温处理

保温棉应包裹得连续且严密，接缝处采用专用胶粘结并缠绕宽胶带，以保证连接牢固。室内机、铜管连接处和分歧管部位都要重点注意，防止产生冷凝水。

⑦ 电源与通信

主要看空气开关和漏电保护器大小是否合理，我给大家整理了一个表格，以供参考。

中央空调"匹"数与空间开关型号的对应关系

室外机大小	室内机数量	制冷量	空气开关限定的电流
3 匹	一拖二	8000 W	25 A
4 匹	一拖三	10 000 W	32 A
5 匹	一拖四	12 000 W	32 A
5 匹	一拖五	14 000 W	32 A
6 匹	一拖六	18 000 W	32 A
7 匹	一拖八	20 000 W	40 A

注：空调的"匹"数只是为了便于理解，并不准确，
关键要看制冷量。

⑧ 气密性试验

最后是进行气密性试验，试压前检查紧固气管和液管截止阀，防止氮气打入室外机系统。保压 24 小时，检查保压前后的压力值，防止漏氟。气密性试验结束后需要真空干燥，真空度要达到 -0.1 MPa 以上。

充注冷媒剂时，按照技术资料准确计算充注量即可，过多或不足都可能造成损伤。

●气密性试验

⑨ 辅料选择

中央空调的验收结束后，还有一个注意点——中央空调的辅料对比。辅料中最重要的是铜管，一定要选择材质优良、壁厚均匀的紫铜，可以近距离看一下铜管的壁厚。保温套管选择橡塑发泡保温管，保温效果好，阻燃性也十分优秀，打火机无法点燃。吊杆直径有 8 mm 和 10 mm 两种规格，建议选直径为 10 mm。

●铜管侧截面

●保温管阻燃效果好

新风系统的选购与安装要点

1 新风系统的选购要点

新风系统并不复杂，满足开窗换气需求的同时，通过滤芯过滤空气中的污染物。因此，新风系统有两大核心功能：一是风量够大，满足换气量的需求；二是滤芯够全，保证空气的洁净度。除了以上两大核心功能外，新风系统还有三个次要功能，分别是热交换效果、噪声指数和微正压效果。

（1）风量选择

新风系统每小时的风量可以按照建筑面积乘以净高来计算，例如我家净高为 3.2 m，建筑面积是 195 m²，则需要 624 m³/h 的风量。

●总共有三间卧室和客餐厅

还可以按照人均换气量来计算，新风量 = 人均新风量 × 人数，人均新风量为 30 m³/h。1 间卧室按 2 人计算，需要

60 m³/h，3 间则需要 180 m³/h。客餐厅按正常 4 人活动，需要 120 m³/h，这样风量仅需 300 m³/h。考虑实际安装时风量会有一定的损失，最后我家新风系统风量为 350 m³/h。

（2）过滤效果

初级滤芯加 HEPA13 级别的高效滤网就足够了。除了滤芯等级外，还有容尘量数据，容尘量和价格的比例则关系到后期耗材的成本。

（3）热交换效果

相比开窗通风，新风系统除了能过滤空气外，优势是减少室内温度的变化。冬天开窗有寒风，夏天开窗会有热浪，但通过热交换新风系统来换气，可以保证进入新风系统的温度和室温接近。

（4）噪声指数

品牌的新风系统的噪声指数都不高，但是新风系统需要长时间（24 小时）开启，因此主机要安装在不会长期待人的房间。

（5）微正压效果

新风系统进风量要大于出风量，这样室内压强会略大于室外，防止室外污浊空气通过门窗进入室内。

2 新风系统的安装流程及验收要点

在新风系统主机风量确定的情况下，影响末端风量的最大因素就是管路安装，做到以下几点可以保证风量损失减小。

新风系统的安装要点

要点	是否达标	必要性
分路不能使用变径环，需用分风箱		必须达标
过梁不要用扁管，直接 45° 绕梁		尽量达标
送风口、回风口间距 1.5 m 以上，可以藏在空调出风口内		尽量达标
风口不要设计在卫生间以及灶台附近，防止污染滤芯		尽量达标
主机和分风箱都需要设计检修口		尽量达标
新风管路尽量选择 PE 软管		尽量达标

新风系统的安装流程

◆ 确认主机的位置并安装 ▷ ◆ 对外开孔并连接主管 ▷ ◆ 设计分路并安装分风箱 ▷ ◆ 安装支路风管 ▷ ◆ 安装风口 ▷ ◆ 安装面板并调试

① 对外开孔

安装新风系统必须打孔，主管路开孔孔径必须和主机孔径一致，如我家主机孔径为16 cm，对外的开孔孔径也一样。

●主管路开孔孔径一致

② 设计分路并安装分风箱

不能在主管路使用变径环，这样风量容易损失，而且噪声也会大幅度增加。

●增加分风箱

③ 过梁处绕弯

过梁处没有层高限制的话，尽量不要使用扁管，直接用圆管道 45° 过弯即可。

●过梁绕弯

④ 送风口、回风口间隔 1.5 m 以上

为了保证更好地循环效果，不论主管路还是支管路，送风口、回风口都要间隔 1.5 m 以上，防止送出的风立马被吸回去。我家新风系统送风口、回风口的主管路受限于房屋结构，间距不足 1.5 m，因此我就在墙外增加了风道，把送风口、回风口的距离拉长至接近 2 m。

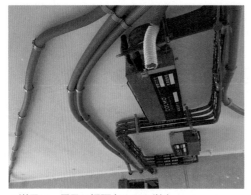

●送风口、回风口间隔在 1.5 m 以上

小贴士

新风系统送风口、回风口设计技巧

新风系统的送风口、回风口可以藏在空调的加长风口内，这样更极简；风口尽量不要出现在卫生间、淋浴间以及厨房灶台附近，否则可能会吸进臭气或油污，污染滤芯。

●将新风风口藏在空调风口内

⑤ 务必预留检修口

务必在新风系统的主机下预留检修口，以便后期更换滤芯。分风箱也需要预留检修口，这样后期可以清理管道。

●预留检修口

⑥ 管路材质

管路材质有 PE 软管和 PVC 硬管两种，建议选择 PE 软管——施工难度低，风量损失少。PE 软管不必过分追求横平竖直，可以贴墙走。

● PE 软管

此外，不同的风量应匹配不同的管路，以我家 75PE 软管（直径为 75 mm）为例，250 m³/h 的风量建议用 5 ~ 6 根，350 m³/h 的风量建议用 7 ~ 8 根。

75PE 软管新风设计原则

风量（m³/h）	软管数量
150	3 ~ 4 根（出风口）
250	5 ~ 6 根（出风口）
350	7 ~ 8 根（出风口）

地暖施工

1 地暖的施工流程及验收要点

对于地暖的整体结构和安装流程，大家还是比较陌生的，因为很多房子的地暖都是在业主购买前就设置好了。本节就重点介绍地暖的施工流程和注意事项。

地暖施工的要点

项目	要点	是否达标	必要性
穿墙开孔	地暖管穿混凝土墙，必须打水钻		必须达标
基层处理	挤塑板拼缝使用铝膜胶带连接		尽量达标
	反射膜要铺贴平整		必须达标
	墙边使用边界保护条		尽量达标
分水器设计	选纯铜镀铬材质，套阀最好带压力表		尽量达标
	壁挂炉可带电子温控器（集体供暖不需要）		尽量达标
	分水器距地不小于 30 cm		必须达标
铺设管路	管间距为 15 ~ 30 cm		必须达标
	直线管卡间距为 40 ~ 50 cm		必须达标
	弯头处使用双管卡，间距为 20 ~ 30 cm		必须达标
	集水器接头部分用弯管保护器		必须达标
	单个回路布管面积在 15 m² 内，长度在 6 m 之内		尽量达标
填充层回填	尽量使用豆石，以防划伤地暖管		尽量达标
	铺硅晶网或钢丝网，以防开裂		尽量达标
	铺设面积大于 30 m²，建议设置伸缩缝		尽量达标
	回填后需要进行洒水养护		尽量达标
打压保压	打压 0.8 MPa，24 小时后保压在 0.4 ~ 0.6 MPa		必须达标
	后续施工持续保压		必须达标

地暖的施工流程

◆ 确认管路并开孔 ▶ ◆ 安装分水器 ▶ ◆ 铺设挤塑板 ▶ ◆ 粘贴铝膜胶带 ▶ ◆ 铺贴反射膜 ▶ ◆ 铺贴边界保护条 ▶ ◆ 铺设管路 ▶ ◆ 豆石回填 ▶ ◆ 铺贴网布 ▶ ◆ 打压保压 ▶ ◆ 洒水养护

① 穿墙打孔

如果地暖管穿混凝土墙，则必须打水钻。可以在水电阶段打，这样更省钱。

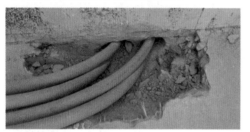
● 水钻打孔

② 铺设挤塑板

铺管前要先铺挤塑板，以防热量向下传递，降低结构层的无效热损耗；板与板拼缝处使用铝膜胶带连接。

● 铺设挤塑板

③ 铺设反射膜

铺设反射膜可以将热量向上反射，起到快速升温的作用，还能利用格子定位管路间

隙。反射膜铺设要平整，严格的施工工艺还需要贴边界保护条，既能保温，也能作为伸缩缝，防止地面开裂。

● 铺设反射膜

④ 分水器设计

分水器建议选择纯铜镀铬材质，尽量选择带压力表的套阀，以利于地暖保压时全程检测。分水器的位置距地不应小于 30 cm，应确保安装牢固。尽量设计在有地漏的空间，这样后期清洗、放水或维修都比较方便。

● 分水器距地不小于 30 cm

⑤ 铺设管路

铺设管路时要注意管道的间距，一般来说管间距为 15 ~ 30 cm，直线管卡间距为 40 ~ 50 cm，弯头处可用双管卡，间距为 20 ~ 30 cm。管道集水器接头部分要用弯管器，从而固定和保护地面盘管。

单个回路的布管面积尽量控制在 15 m² 内，布管长度控制在 6 m 内。每路管尽量做到长度均匀，防止单路抢水或局部不热。

●管路间距

⑥ 填充层回填

填充层回填时，尽量使用较圆的豆石，以防划伤地暖管。为了避免回填层开裂，也可以铺设硅晶网或钢丝网后再回填。

●用豆石回填地暖

小贴士

回填后需要洒水养护

施工后注意洒水养护，夏季每 3 天洒水 2 次，冬季养护一次即可。

施工面积大于 30 m² 时，建议设置地暖专用的伸缩缝。若想保证地面不起砂、不开裂，除了注意砂灰比例外，后期的养护也十分重要。

●施工面积大于 30 m² 时，建议设置伸缩缝

⑦ 打压试验

完工后打压 0.8 MPa 进行测试，24 小时后能保压在 0.4 ~ 0.6 MPa 即可，后期施工也要持续保压。每个回路都要做上区域标记，以方便后期检修。地暖大概会占用 5 cm 左右的高度，一定要有心理准备。

●打压试验

2 如何防止地暖增项?

(1)做地暖前是否需要提前做防水?

我认为完全没必要,地暖真漏了根本防不住,不漏也没必要白花钱。如果卫生间也铺地暖,那么铺设地暖后一定要加一层丙纶防水布,单纯的柔性防水材料容易漏水。

●各种颜色的地暖管

●铺设丙纶防水布

(3)是否需要全部改造成地暖?

能局部改造就没必要全屋都换地暖,例如我家阳台和主卫就是从分水器重新走管的,并不影响其他分路。

(2)地暖管材是否需要买贵一些的?

如今,地暖管材的款式丰富,各种阻氧、阻垢功能层出不穷。差价不大的话可以做一些升级,要是贵太多,就纯属"智商税"了,因为最基础的管材寿命也有50年。

●分水器红色的两路是重新走的

▶ 第4章

木工工程

吊顶施工

1 吊顶的类型及选购要点

现在常用吊顶一般有铝扣板吊顶、石膏板吊顶和 PVC 吊顶三大类。

（1）铝扣板吊顶

铝扣板吊顶通常用在厨房和卫生间，成本低，拆卸方便，可以安装各类设备，而且不怕油烟、水汽，适合不在意"颜值"、想要检修方便的业主。

铝扣板厚度建议选 0.6 mm，不必追求大品牌。近些年流行的蜂窝大板也是铝扣板吊顶的一种，在提升"颜值"的同时，也方便打理。

●铝扣板吊顶

（2）石膏板吊顶

除了卫生间和厨房的铝扣板吊顶外，室内吊顶大部分是石膏板吊顶。实际上，卫生间和厨房也可以使用兼顾"颜值"和耐用性的防水石膏板，但拆卸和维修比较麻烦。

建议选择 9 mm 或 12 mm 厚的石膏板，龙骨选择轻钢龙骨。如果预算充足，则可以做全平吊顶，设计双层石膏板。

●石膏板吊顶

（3）PVC 吊顶

PVC 吊顶最大的特点就是价格便宜，安装成本低，擦洗方便。缺点是容易老化，三四年就会褪色，显得很旧，一旦选不好，还会有刺鼻气味。目前常用于公共场所和出租房。

●PVC 吊顶

2 常见的石膏板吊顶类型

（1）平吊

平吊是将整体屋顶下吊，作用是安装筒射灯、轨道灯或隐藏水电管线和空调管线，也可以用来遮盖横梁。

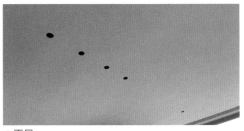

● 平吊

（2）直线跌级吊顶

常见的边吊类型，适合想装中央空调但又不想占用房屋净高的业主。

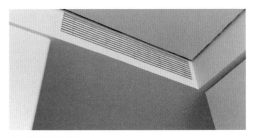

● 直线跌级吊顶

（3）弧形跌级吊顶

如果想不同高度的吊顶边缘过渡得更自然，则可以选择弧形跌级吊顶。比之直线跌级吊顶，弧形跌级吊顶的存在感更低。

● 弧形跌级吊顶

（4）悬浮吊顶

悬浮吊顶有两种做法，一是通过型材来制造悬浮的视觉效果，这种方式占用净高少。二是只吊中间部分，把四周空出来；还可以在吊顶周围增加灯带，呈现悬浮的效果。

● 悬浮吊顶

（5）回形吊顶

回形吊顶是精装房中常见的吊顶形式，在四周吊一圈顶来嵌入筒射灯或者隐藏空调管线。

● 回形吊顶

（6）"双眼皮"吊顶

简单一点的是两层石膏板相叠设计。一般来说，立面第一层高18 cm（厚2 cm），第二层高15 cm（厚1 cm），这样比例更协调。

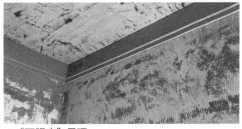

● "双眼皮"吊顶

3 石膏板吊顶的施工流程

石膏板吊顶的应用范围广，施工细节也最多，稍有疏忽将很难补救。网络上一些吊顶验收的视频，开头都会展示龙骨安装得多结实，但龙骨安装得结实并不代表后期不会出现问题。

石膏板吊顶的施工要点

项目	要点	是否达标	必要性
边龙骨安装	膨胀螺栓的固定间距不得大于 60 cm		必须达标
吊杆安装	吊杆间距不能大于 100 cm		必须达标
	主龙骨端头处吊杆间距不能大于 30 cm		必须达标
龙骨间距	主龙骨间距建议为 80 cm		必须达标
	副龙骨间距建议为 40 cm		必须达标
连接方式	主龙骨和副龙骨之间采用专用连接件		必须达标
	龙骨和边龙骨之间采用双铆钉固定		必须达标
石膏板安装	自攻螺钉到板边距离 15 mm 左右为宜		尽量达标
	板边自攻螺钉间距建议为 20 cm		尽量达标
	板中自攻螺钉间距建议为 30 cm		尽量达标
	螺钉要略埋于板面 0.5 ~ 1 mm，后期用防锈漆涂刷		必须达标
错缝安装	石膏板短边错缝安装，错开大于 30 cm		必须达标
	如果是跌级吊顶，则不同平面接缝处要错缝安装		必须达标
	双层石膏板的上下石膏板也必须错缝安装		必须达标
转角处理	采用 L 形边角，两侧直边长度不小于 30 cm		必须达标
接缝处理	接缝处需要留缝 3 ~ 5 mm 宽，并做倒角处理		必须达标
	油工阶段做嵌缝处理后，使用双层绷带粘贴		必须达标
大面积平吊	中间向上高出 3 ~ 5 mm		尽量达标
安装重型物品	顶部打膨胀螺钉或增加吊杆及欧松板		必须达标

石膏板吊顶的施工流程

◆ 弹线定位 ▷ ◆ 安装边龙骨 ▷ ◆ 安装吊杆 ▷ ◆ 安装主龙骨和副龙骨 ▷ ◆ 固定主龙骨和副龙骨 ▷ ◆ 用自攻螺钉固定石膏板

① 安装边龙骨

安装前首先要弹线定位，使用膨胀螺栓将边龙骨固定到墙面上，固定间距不得大于 60 cm。

● 安装边龙骨

② 安装吊杆

安装好边龙骨后，再根据主龙骨的弹线位置安装吊杆，吊杆间距不能大于 100 cm。在主龙骨的端头，吊杆间距不能大于 30 cm，以免降低整体高度，给人造成压力。

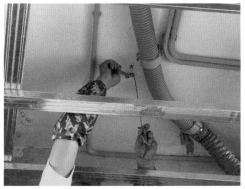

●安装吊杆

③ 安装主龙骨和副龙骨

在吊杆上安装主龙骨，主龙骨之间的距离建议为 80 cm，并确保牢固；然后再安装副龙骨，副龙骨之间的间距建议为 40 cm。

●安装主龙骨和副龙骨

主龙骨和副龙骨的连接处采用专用连接件卡住，龙骨和边龙骨之间采用双铆钉固定。

●主副龙骨间的专用连接件

●龙骨和边龙骨之间用双铆钉固定

④ 安装石膏板

龙骨安装完成后开始安装石膏板，用自攻螺钉把石膏板固定在边龙骨上，自攻螺钉到板边距离以 15 mm 左右为宜。板边自攻螺钉间距建议为 20 cm，板中自攻螺钉间距建议为 30 cm。

●安装石膏板

自攻螺钉要没入石膏板 0.5～1mm 深，不能与石膏板齐平，并在油工阶段用防锈漆涂刷，以防止日后螺钉生锈，导致钉眼处乳胶漆泛黄。

●自攻螺钉要没入石膏板

⑤ 错缝安装

石膏板的短边需要错缝安装，错开距离要大于 30 cm。如果是跌级吊顶，不同平面接缝处也要错开，不能在同一直线上。预算充足的话，还可以使用双层石膏板，这样更不容易开裂，注意上下石膏板也必须要错缝安装。

●错缝安装

●跌级吊顶

●双层石膏板也应错缝安装

⑥ 转角处采用 L 形设计

为了确保转角处牢固，石膏板要采用 L 形边角设计，L 形两侧直边长度不小于 30 cm。

●L 形边角设计

⑦ **预留接缝**

石膏板接缝处需要留缝 3 ～ 5 mm 宽，并在接缝处做倒角处理，后期油工阶段必须做嵌缝处理，并使用双层绷带粘贴，以防后期拼接处开裂。

●接缝处留缝设计

⑨ **吊顶加固**

如果吊顶上需要安装重型灯具、轨道灯或吊轨，不能直接依附于吊顶，而应在顶部打膨胀螺钉，或增加吊杆、欧松板进行加固处理。

●将膨胀螺钉打在顶部

⑧ **大面积平吊要预留接缝**

做大面积平吊时，建议中间向上高出 3 ～ 5 mm（不小于房间短向跨度的 0.5%），这样加上石膏板重力因素后，吊顶正好在一个平面。

●大面积平吊设计

小贴士

注意吊顶的高度设计

吊顶的高度过低可能会影响内开窗扇。比如我家儿童房吊顶高度过低，后期只能通过弧形设计，才正常开窗。

还要注意提前规划龙骨位置，避免各类灯具或吸顶音响安装时打断龙骨。

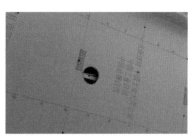
●提前确定龙骨位置

4 中央空调的常见风口设计

通常，在居室中使用中央空调的业主很大一部分原因是为了追求美观，本节就来聊聊中央空调的常见风口设计。

（1）侧出下回风口

侧出下回是最常见的中央空调设计方式，侧面是空调的出风口，底部是空调的回风口，检修口也可以放在底部，也就是大家常说的"检、回一体"。

● 侧出下回风口

（2）侧出侧回风口

这种方式一般用于衣柜上方，出风口和回风口都位于侧面，把检修口放在衣柜内即可，空调的隐蔽性更强。

如果追求"颜值"，还可以把出风口和回风口做成加长风道，从外观上看，出风口和回风口是一个长条形风口，整体性更强。注意：如果使用加长风口，那么假风口处需要刷黑，防止真风口和假风口处颜色差别明显。

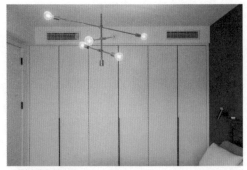
● 侧出侧回风口

● 侧出侧回加长风口

（3）下出下回风口

如果全屋采用平吊设计，则可以设计下出下回风口，出风口和回风口都在下部，吊顶没有错层，更显大气。或者把出风口直接设计到窗帘盒内，这样只能看到"检、回一体"的回风口，出风口能很好地隐藏起来，更加极简。

● 下出下回风口

小专栏

吊顶前需要预埋的 10 款设备

◎中央空调风口

中央空调风口一般分为石膏板预埋款和腻子预埋款，建议使用石膏板预埋款，这样即使长期使用并多次拆装风口，边缘也不易开裂。

●预埋风口

◎磁吸轨道灯

磁吸轨道灯也分为石膏板预埋款和乳胶漆预埋款，建议选择石膏板预埋款，防止后期开裂。现在也有明装磁吸轨道可以选择。选购时一定要提前确定所使用的品牌和型号，因为不同品牌和型号的磁吸轨道并不通用。

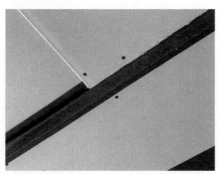
●磁吸轨道灯

◎预埋筒射灯

预埋款的筒射灯基本不涉及更换，因此大多都是乳胶漆预埋款，不必担心开裂问题。在腻子施工前买好即可。也有石膏板预埋款，如果买了石膏板预埋款，就一定要在木工前进场。

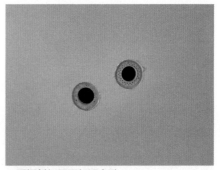
●预埋射灯需要打沉台孔

◎移门轨道

如果追求极简风格，可以提前用欧松板做移门轨道盒，把轨道隐藏起来。注意：移门通常较重，一定要在欧松板轨道盒附近多打几根吊筋。

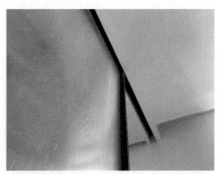
●移门轨道

◎吊顶型材

吊顶也有型材，通过型材可以解决吊顶发收边问题。例如我家次卧就使用了悬浮吊顶的型材，可以在视觉上拉升层高。

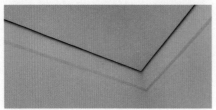

●吊顶型材

◎灯带型材

如果你对灯光设计要求较高，也应提前购买灯带型材，同类型材有不同尺寸，一定要提前买好，防止吊顶时尺寸不对。

●预埋灯带型材

◎预埋幕布

幕布也有预埋款，可以后续安装，但必须提前确认尺寸和型号，这样吊顶预留的洞口尺寸才能合适。

●预埋幕布

◎烟道

无论是抽油烟机烟道、燃气热水器烟道还是换气扇排气道，如果从吊顶上面走，则必须在吊顶前预埋。

●燃气热水器烟道预埋

◎中央空调和新风系统

中央空调和新风系统必须在吊顶前安装，不单单是主机，各种风道也一定要提前设计。

●中央空调预埋

◎窗帘盒

吊顶前要确定窗帘类型，这关系到窗帘盒的宽度。一般来说，手动双层窗帘的预留宽度为 18 ~ 20 cm，电动双层窗帘的预留宽度为 20 ~ 25 cm，手动单层窗帘的预留宽度为 10 cm，电动单层窗帘的预留宽度为 15 cm。如果是 L 形轨道，无论是手动还是电动、单轨还是双轨，都要在原有窗帘盒宽度的基础上增加 10 cm。

5 铝扣板吊顶的选购及安装流程

铝扣板吊顶的价格比较低，后期拆装更简单，防水和耐用性也更高；但"颜值"较低——会有缝隙且质感一般。

（1）选购要点

尺寸方面，建议选常规尺寸——300 mm×300 mm 或 300 mm×600 mm，无论嵌入浴霸、换气扇还是暖风机都很合适。

材质方面，盖板选择 0.5 ~ 0.8 mm 厚的铝材，龙骨选择 0.5 ~ 0.8 mm 厚的镀锌轻钢龙骨。

表面工艺上，烤漆质感更好，覆膜质感较差，不建议使用。

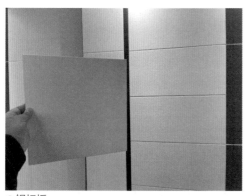
● 铝扣板

● 卫生间铝扣板吊顶里藏有暖风设备、灯具等

安装报价时一定要问好是否为全包价格，包括但不限于安装暖风设备、灯具，异型安装（如包管、包梁、层高过高）等。

小贴士

功能、"颜值"俱佳的蜂窝大板

如果你既想使用铝扣板又希望减少拼接缝，那么蜂窝大板是一个不错的选择。板材厚度建议选择 7 mm 以上的，可以搭配各种灯具、电器。

● 蜂窝大板

（2）安装流程

铝扣板龙骨的安装流程和石膏板吊顶差别不大，但铝扣板可以直接扣上去，不用特别固定或者进行复杂的切割，比较简单，这里就不再具体展开了。

铝扣板吊顶的安装步骤

◆ 弹线定位

◆ 固定边线

◆ 安装吊杆

◆ 安装主龙骨、副龙骨

◆ 扣上铝扣板

◆ 在边缘打胶

第2节

木地板的选材和安装流程

1 到底选择哪种木地板？

买地板前首先要了解木地板的种类，市面上常见的木地板有强化木地板、实木复合地板和实木地板三大类。

（1）强化木地板

目前，应用最广、性价比最高的是强化木地板，其基层是密度板，表面是三聚氰胺浸渍纸和三氧化二铝耐磨层，价格便宜、耐磨性好，但脚感略差。至于环保性，只要是正规品牌的都没问题。

● 从上到下依次为实木地板、三层实木地板、新三层实木地板、实木多层板和强化木地板

（2）实木复合地板

实木多层板、三层实木地板和新三层实木地板都属于实木复合地板，都是由多层木板压制而成的，工艺区别不大，只是层数不同。实木多层板比实木地板稳定性和防潮性好，表层的实木皮有 0.6 ~ 3 mm 厚。

三层实木地板，通过切面可以看到只有三层，分别是表层、芯层和底层。表层是较贵的木材，厚度一般在 3 ~ 4 mm 之间，脚感好，轻微损坏后还可以打磨修复。

（3）实木地板

很多业主认为实木地板都很贵，其实并不是这样。如果木种本身并不贵或地板的尺寸很小，那么实木地板的价格和三层实木复合地板接近。但便宜的实木地板花纹和颜色大都不好看，因此大多会在表面做漆，一旦漆面脱落或损伤，后期很难修补。

根据需求选择合适的地板

需求	推荐地板
预算低	品牌强化木地板
预算高且懒得频繁打理	三层实木复合地板
预算充足且愿意打理	实木地板

小贴士

实木地板应注意日常维护

实木地板在有地暖的环境中，如果处理不好，容易热胀冷缩，导致地板开裂，并且也要注意日常维护。建议每年打一次蜡，打蜡前应将地板擦拭干净。

2 木地板的板面尺寸和厚度

（1）板面尺寸

　　木地板的尺寸也需要了解，不同品牌地板的尺寸并不一致，同样是 1200 mm 长的木地板可能有 1210 mm、1216 mm、1220 mm 等多种规格。这里总结常见的尺寸，供读者参考。

地板板面尺寸

类型	尺寸
常规尺寸	910 mm×125 mm 1200 mm×165 mm 1200 mm×190 mm
大尺寸地板	1800 mm×150 mm 1900 mm×195 mm
鱼骨拼、人字拼地板	450 mm×75 mm 530 mm×150 mm 600 mm×120 mm

● 常规尺寸地板

　　如果常规尺寸无法满足你的需求，那么还可以选择三层实木地板。它能做成超长板材，但平层尽量不要选超过 3.5 m 长的地板，否则很难通过电梯和楼梯搬运。

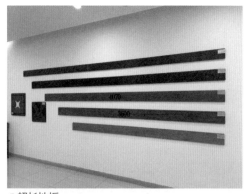
● 超长地板

（2）地板厚度

　　如果说地板的板面尺寸关乎"颜值"，那么地板的厚度则关乎施工完成后地板抬高的尺寸。想要地板和瓷砖齐平，一定要提前确认好地板的厚度。

　　强化地板一般有 8 mm、10 mm、11 mm 和 12 mm 四种厚度，实木复合地板则以 15 mm 厚居多，实木地板厚度多为 18 mm。

　　还要注意自流平厚度（一般为 3~5 mm），垫层厚度一般为 2~3 mm，胶铺厚度一般为 2 mm。如果有龙骨，则会更厚——不小于 25 mm。

● 不同地板厚度不同

3 木地板的常见拼花样式

（1）工字拼

使用最多的是工字拼（也叫1/2铺法），每块木板短边对齐相邻木板长边的中线，这种铺法中规中矩，不易出错，但也不易出彩。

● 工字拼

（2）"步步高"

每块地板的短边不在相邻木板长边的1/2处，而是在1/3、1/4或1/5处，营造出像台阶一样步步向上的感觉。

● "步步高"

（3）随意拼

如果你使用的是超长木地板，最好从一边顺着铺过去，不要再追求短边距离长边的位置，更节省板材。

● 随意拼

（4）45°斜拼

铺贴方式和工字铺一样，但整体45°倾斜，铺贴效果显得跳脱灵活，但设计不好会显得杂乱。

● 45°斜拼

（5）鱼骨拼

这是十分复古的一种拼法，也是损耗比较大的一种拼法。鱼骨拼的板材是斜边设计，整体铺贴效果优雅、奢华，具有很强的层次感和秩序感。

● 鱼骨拼

（6）人字拼

人字拼和鱼骨拼很像，但人字拼地板依然是长方形的直角边，将两块地板的长边对短边进行90°拼接即可。

● 人字拼

4　木地板的铺贴方式

木地板的铺贴主要有三种方式，分别是悬浮铺贴、龙骨架空和满胶铺贴。其中悬浮铺贴是最常见的铺贴方式。

（1）悬浮铺贴

悬浮铺贴的施工步骤

◆地面找平　◆清扫地面　◆铺设地膜　◆安装地板　◆安装踢脚线

① 地面找平

悬浮铺贴的第一步就是地面找平，常见的找平方式是顺平——成本较低，铺贴时一定要保证地面干透后再施工。

● 地面找平

② 清扫地面

第二步是清扫地面，比较方便的方式是用工业吸尘器进行清理。

● 清扫地面

③ 铺设地膜

第三步是铺地膜，地膜可以起到防潮和缓冲的作用，有的防潮垫还有降噪作用。

● 铺地膜

④ 安装地板

第四步是铺贴地板，铺贴时墙边要留伸缩缝，一般 1 cm 左右即可，防止地板因为热胀冷缩导致起鼓。

● 安装地板

⑤ 安装踢脚线

第五步是安装踢脚线（后文详细讲解）。

（2）龙骨架空

过去，实木地板受限于技术，无法控制地板伸缩，因此多采用龙骨架空的铺贴方式，通过龙骨和地板的垂直设计来减少地板伸缩带来的弊端。但龙骨架空会牺牲净高，且铺贴成本较高；时间长了，龙骨变形还会导致踩踏时产生噪声。

●地板木龙骨

（3）满胶铺贴

随着业主追求全屋通铺以及对拼花铺贴需求的增多，单纯的锁扣无法满足固定地板的需求，因此满胶铺贴的应用越来越广泛。满胶铺贴的方式可以保证地板固定紧实牢固，不会因为收缩、膨胀导致地板裂缝或起鼓，但安装费用较高。

●满胶铺贴的稳定性高

铺贴木地板的六大注意事项
1. 铺地板时必须保证地面干净，可用工业吸尘器提前清理
2. 尽量在公共走廊切割地板，防止损伤墙面
3. 地板被送到家里后，自己先挑选一下，把有色差的地板安排在不起眼的角落
4. 如果你购买的地板确实很贵，那么可以在定制家具压住的区域使用同等厚度的便宜地板。不建议先做定制再铺地板，因为这样收口部分很难处理
5. 地板通铺是指在不同房间的交界处不再使用压条来预留伸缩缝，而是直接整板铺贴过去，这样更美观，但有一定的起鼓、开裂风险
6. 地砖和地板衔接处还可以用极窄金属压条来实现伸缩缝预留，或者直接让地板和地砖进行硬拼

5 常见的踢脚线设计

无论瓷砖踢脚线还是地板踢脚线，所解决的问题无非是不同材质之间的衔接、热胀冷缩的留缝和地面清洁时的墙面保护问题，因此只要能实现这三个功能，无论使用什么方式都可以。

（1）实木踢脚线

应用最广的是实木踢脚线，因其安装简单、成本低，而且"颜值"高。推荐使用与门框同色、同厚度的实木踢脚线，整体风格更和谐统一。

●实木踢脚线

（2）金属踢脚线

金属踢脚线造型极简，科技感满满，但安装方式和传统实木踢脚线略有不同，安装前应提前跟师傅沟通。

●金属踢脚线

（3）内嵌式踢脚线

既想要极简又想要保护好墙面，可以使用内嵌式踢脚线，通过在墙面开槽或贴石膏板的方式内嵌踢脚线。

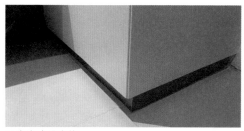
●内嵌式踢脚线

（4）底部收边条

底部收边条不算严格意义上的踢脚线，购买90°折弯的金属条卡在地板和墙缝之间，可以解决收口和伸缩缝的问题。

●收边条

（5）无踢脚线设计

如果你使用了隐框门，则更适合无踢脚线设计。施工时同样需要在墙面上开槽，刮完腻子后、刷乳胶漆前把木地板铺上，然后再用腻子修补收口处。

●无踢脚线设计

室内门的选材与安装要点

室内门的种类繁多，为了便于大家理解，我把室内门分为木门、合金门、无框门、移门和折叠门五大类，本节重点讲解各种室内门的选购及安装要点。

1 木门的种类和安装要点

（1）木门的种类

木门的叫法五花八门，如烤漆门、免漆门、实木复合门……但按结构来划分就三种：实木门、实木复合门和模压门。

实木门又分为原木门和插接木门。原木门由一块块原木组成，不贴皮，内外都是一整块实木。为了避免变形和降低成本，原木门多采用复古造型，一扇门可以由很多小木块拼接组合。原木门的价格是各类门中最贵的，因造型原因，年轻人较少选用。

●实木门

插接木门是由插接木组合而成，虽然也都是实木，但成本较低，市面上便宜的实木门大多是这种材质。

实木复合门是由芯材填充物和表面基材组成，结合不同的表面处理工艺，演化出各种名称。材质、处理方式不同，样式和价格都会很大差别。市面上大部分的门都属于实木复合门。

●实木复合门

模压门的表面是密度板，中间由蜂窝纸填充或是中空，优点是便宜，多用于出租屋。

不同木门的特点

类型	特点
实木门	价格高，年轻人使用少
实木复合门	价格差异大，造型多样，使用广泛
模压门	便宜，多用于出租屋

（2）实木复合门的选购要点

① 填充物材质

填充材质对比

填充物名称	简介	特点	图示
实木声学板	在实木中打小孔，原理和桥洞力学板类似	既能提高隔声效果，还能避免热胀冷缩	
实木	实木方占比达到60%～80%，属于高品质	环保，但是隔声和稳定性不如实木声学板和桥动力学板	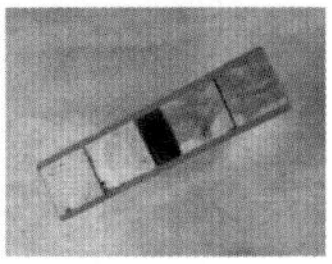
多层板	使用多层板填充，从而降低成本	稳定性强，但环保性要看多层板的具体品质	
桥洞力学板	用具备中空造型的颗粒板来填充	隔声效果好，稳定性强	
蜂窝纸	由硬纸壳组成的蜂窝造型来填充	稳定性好，平整度高，隔声效果差	
木方隔声棉	内部使用木方和隔声棉来进行填充	隔声效果好，多用在酒店	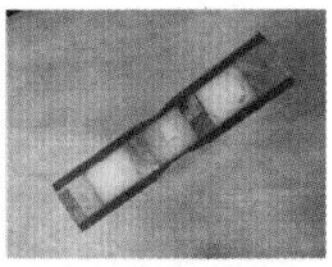
铝蜂窝	铝蜂窝填充多用于铝木门，例如隐框门	可以做到超高尺寸且不变形，但表面不适合做雕花工艺	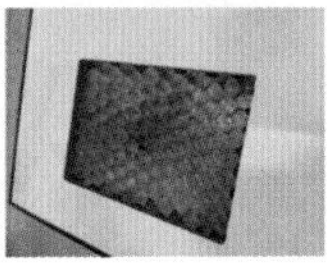

② 表层材质

复合门的表层材质多为密度板或多层板，前者方便做各种造型，后者稳定性能更佳。

③ 表面工艺

影响外观最重要的因素是表面工艺，很多关于门的名词其实都说的是表面工艺。

表面工艺不同的门

类型	简介
实木贴皮门	表面贴实木皮就可以做出实木质感，纹理真实，具备实木的凹凸感
烤漆木门	喜欢纯色门的业主的最优选择，颜色多样，质感好
免漆门	预算低的可以选免漆门，通过各种材质贴皮，呈现出你想要的木质花纹，但质感略差
造型门	制作造型的方式有线条、雕刻、外压线等，但表面只能烤漆，或在平板处贴木皮，造型凹凸部分用烤漆对色

④ 五金选择

合页：通常单扇门的合页有 3 个——上部 2 个，下部 1 个，承重主要在上部。如果单扇高度超过 2.4 m，则需要 4 个合页。常见的合页有子母合页、平开合页、隐形合页、液压合页和天地合页。

不同合页的特点

合页类型	特点	图示
子母合页	无须开槽，不会破坏门体的完整性，安装简单	
平开合页	承重性比相同尺寸的子母合页更好，需要开槽，对师傅的安装水平要求较高	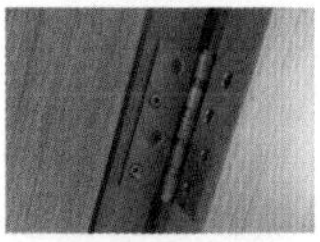
隐形合页	开孔困难，承重性差，"颜值"高，关门后两侧都看不到合页本体	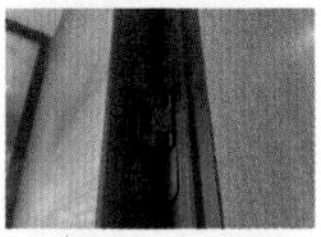
液压合页	多用在有回弹需求的隐形门和隐框门上，推开后会自动液压回弹关闭，如果推到 90°，则会自动锁死	
天地合页	合页位于门的顶部和底部，多用在合金门上	

门锁：最基础的门锁是机械锁，平时锁舌是弹出状态，关门时有较大的声响。这几年应用比较多的是静音磁吸锁，平时锁舌是缩进去的，关门后会被磁吸出来，实现锁门功能。还有用在隐形门上的单向锁。

● 机械门锁

● 静音磁吸锁

● 单向锁

门吸的作用是防止开门过度或风大吹门碰坏墙体，也能让门保持常开状态。门吸有墙吸和地吸两种，可以根据自己需求来安装。门吸多用在卧室，不建议用在卫生间，因为打孔安装时会破坏防水，可以选择门档或把手门吸来解决这个问题。

● 门吸

⑤ 其他细节

想要门的隔声效果好，门扇和门框的衔接也至关重要。为了更好地隔声，门扇和门框之间会设计胶条，常规胶条都是直接粘贴上的；也有嵌入式胶条，虽然密封性更好，但胶条在门缝处露出，如果其颜色与门扇不匹配，会影响门的美观度。

还有门的四边密封工艺，讲究点的会先用 PVC 封边再进行烤漆，这样密封性更好，后期开孔也不容易崩漆。

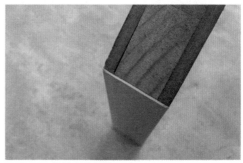
● PVC+ 烤漆封边工艺

购买前需确认好自家门的尺寸和开口方向

通常，室内门的宽度在 90 cm 以内、高度在 210 cm 以内、墙体厚度在 24 cm 以内都不需要额外增加费用。一旦超过这个尺寸，多半是需要加钱的。门扇厚度一般为 40 ~ 45 mm。

（3）木门的安装要点

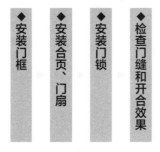

木门的安装步骤

◆ 安装门框

◆ 安装合页、门扇

◆ 安装门锁

◆ 检查门缝和开合效果

① 安装门框

木门的安装比较简单，只要用心，基本不会出错。首先，师傅需要借用水平仪来安装门框，一定要保证门框水平方正。

●门框安装

② 安装合页和门扇

其次，将合页安装到门扇上，然后借助水平仪把门扇挂到门框上。这一步的关键是门缝的预留，上门缝一般预留 3 mm 宽，下门缝可以预留 5 ~ 10 mm 宽，合页侧同样预留 3 mm 宽，而门锁面，为方便开关，预留 5 ~ 7 mm 宽。

●安装门扇

③ 安装门锁

预开孔门锁选择性小，一定要保证开向正确。现场开孔灵活性比较强，但比较考验师傅的手艺。

④ 检查门缝和开合效果

安装完毕后要确保门扇、门套平整，没有缝隙；合页要开合顺畅，无异响；同时保证门缝上下均匀。

2 合金门的选购要点

为了防潮，卫生间大多使用合金门，长虹玻璃门、灰油砂玻璃门等都属于合金门。

（1）边框选择

合金门的边框材质有钛镁合金和铝镁合金。应用较多的是钛美合金门，它的硬度较高。铝材应选择原生铝，保证型材壁厚在2 mm以上。想要"颜值"高，建议选择极窄边框——尽量不超过2 cm宽，注意在贴瓷砖阶段就需要保证门洞口为90°角。

●镁铝合金门

极窄边框有单包套和双包套两种方式，建议选择单包套（只有一边可以看见门套），"颜值"更高、价格便宜，贴瓷砖时需要把门洞的侧面贴上。

（2）玻璃

材质上，一定要选钢化玻璃。工艺上，看个人的对美观度的追求，例如常见的灰玻璃属于有色玻璃，长虹玻璃属于工艺玻璃，而夹丝玻璃则属于夹层玻璃。长虹玻璃可选择双层设计，并且两层都需要超白玻璃；灰玻璃可以增加油砂工艺，单层设计质感更好。

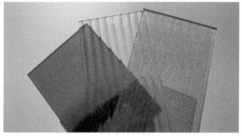
●灰玻璃、长虹玻璃、夹丝玻璃

（3）合页

合页一般有天地轴合页和旗形合页两种，想要美观度高，建议选天地轴合页。旗形合页从外侧也看不见合页，但从门的内侧却可以看见，优势是价格便宜。

●旗形合页

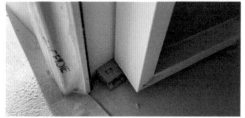
●天地合页

3 无框门的安装要点

（1）什么是无框门？

无框门属于铝木门，一般来说填充物是铝蜂窝。表面材质一般为密度板，无法定制颜色；也可以是玻镁板材质，这样表面就可以直接刷乳胶漆，但是填充物必须是实木方，因为玻镁板硬度不如密度板，需要木方固定。

●无框门的颜色和墙面相同

想要隐形效果更好，可以选择白色边框。上边框也可以选装，装上边框会更稳定，安装也更简单；无上边框设计则会更好看。注意：无框门并不是隐形门，传统意义上的隐形门是由定制家居厂商制作的，门和墙板材质相同。

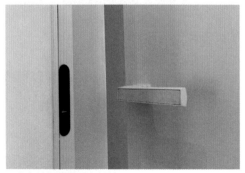
●白色边框搭配同色门锁

细节方面，门锁建议选择同色一字锁，设计有暗藏钥匙孔，不必担心反锁打不开的问题。

（2）无框门的安装要点

无框门的安装关键是门框的预埋，通过把门框预埋在墙内来实现无边框的视觉效果。

无框门的安装步骤

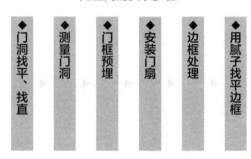

◆门洞找平、找直 ▶ ◆测量门洞 ▶ ◆门框预埋 ▶ ◆安装门扇 ▶ ◆边框处理 ▶ ◆用腻子找平边框

① 门洞找平、找直

门洞必须严格找平、找直，因为无框设计会导致门框无法遮盖门洞的缺陷。如果墙面使用了轻体砖，还需要增加欧松板或方钢加固。

●门框找平、找直

② 测量门洞

铺贴好瓷砖后，并且地板空间地面找平完成后进行门洞的测量，这样才能保证门扇高度准确。

● 测量门洞

③ **安装门扇**

在油工前安装，门框和门扇最好一起安装，如果工期实在来不及，就只能先预埋门框，但这样会存在后期门扇装不上的风险，因此如果要预埋，就必须选择有上边框设计的隐框门。无上边框设计的隐框门，需要先安装有合页一侧的门框，调平后再悬挂门扇。

● 安装边框

● 悬挂门扇

④ 边框处理

最稳妥的办法就是整墙覆盖石膏板，最好在墙边剔槽 10 cm 宽，然后用石膏板盖住边框和剔槽处。

● 边框处理

小贴士

不能取下调平用的木楔子

安装门的木楔子一定不能取下，而要切断后直接封在石膏板里，否则隐框门会变形。

● 调平用的木楔子

⑤ 用腻子找平边框

石膏板和墙面的衔接处用腻子找平，然后涂刷乳胶漆或艺术漆。既然是无边框设计，踢脚线也一定要与之完美衔接。

4　移门的种类和选购要点

（1）移门的种类

　　移门包括推拉门、谷仓门和"幽灵门"等。其中推拉门应用得最广泛，家装中最常用的是金属推拉门。谷仓门是一个吊轨挂着块木板，轨道完全露出，"颜值"高，但隔声效果一般。"幽灵门"的外观和谷仓门很像，但是上轨道不露出，看上去像悬浮在墙面上，很显高级，但价格也更贵。

●推拉门

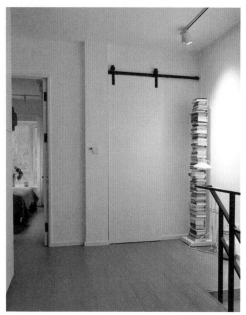
●谷仓门

（2）推拉门的选购要点

① 轨道类别

　　推拉门常见的轨道分为吊轨和上下轨。吊轨的滑轮在门顶部，承重也主要在顶部，可以做到地面没有任何凹凸。门扇如果太高或太宽，还可以加下轨道条加固。

　　上下轨的滑轮和承重都在下部，上部只起固定作用。下轨道条可以选超薄设计，这样可以避免开槽的烦琐，也更容易打扫。

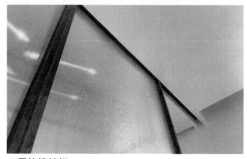
●吊轨推拉门

●地轨推拉门

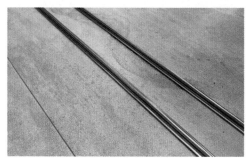
●超薄地轨

② 轨道数量

从轨道数量上进行区分，单轨门多用在厨房；双轨门一般用于阳台或开间较大的厨房，通过双轨道设计可以做到把门扇都移动到左侧或右侧；还有数量更多的轨道门，如三轨、四轨和五轨，一般会做成联动形式，也就是我们常说的三联动、四联动和五联动，这样可以让开启的空间更大。

轨道数量与适用空间

轨道数量	运用空间
单轨（一条轨道）	厨房
双轨（两条轨道）	阳台、开间较大的厨房
多轨 （三轨、四轨、五轨）	开放式厨房、书房等

③ 五金和其他

尽量选择轨道带阻尼功能的，可以防撞、防夹手，但这样会限制单扇门的宽度。单扇门宽度为 60 ~ 80 cm，比较合适安装阻尼，太窄装不上，太宽推不动。

注意玻璃的厚度，建议在阳台使用双层玻璃（4 mm+4 mm），其他空间用单层玻璃即可，一般有 5 mm 和 8 mm 两种厚度。

●阻尼功能

小专栏

折叠门的选购要点

折叠门在家居空间中应用较少，因其密封性和隔声效果不如平开门，推拉的使用感受又不如推拉门，这就导致了折叠门的产量不大，因此价格会略贵。

◎木质折叠门

木质折叠门可以使用在特殊环境中，例如衣柜前边的狭窄走廊，从而轻松开启和关闭。

◎金属折叠门

金属折叠门单扇可以做得很窄，特别适合用在厨房，拉上折叠门就是封闭式厨房，推进柜子中即可变成开放式厨房。

◎ PVC 折叠门

还可以选择价格更低的 PVC 折叠门，安装、拆卸方便，可临时用在开放改封闭式的房间。

●木质折叠门　　●金属折叠门

第5章

瓦工工程

防水施工

1 防水由谁来施工?

关于家庭防水施工,首先要知道防水应该交给谁来做。一般来说有两种选择:一是交给瓦工师傅,二是交给防水材料商。如果你找了防水专业品牌团队,让他们来提供材料并施工,那后期施工时瓦工师傅可能会各种挑刺,包括但不限于瓷砖贴得不牢固、后期漏水等。因此,建议直接把防水施工交给瓦工来做。

2 防水层的涂刷流程

防水是隐蔽工程,其重要性不言而喻,一旦出了问题不仅影响自己家,还会给邻居带来诸多不便,而且返工也十分麻烦。因此,防水施工一定不能出现任何问题。

防水层的涂刷要点

项目	要点	是否达标	必要性
铲除原防水层	能撕动就铲除,否则不必铲除		看情况
基层处理	管线槽用水泥封死		必须达标
	涂刷墙固,增加附着力		必须达标
墙地面找平	用水泥砂浆对墙面地面进行找平		必须达标
	原空间不是卫生间的话,要做打毛处理		必须达标
清理洒水	清理杂物,洒水湿润墙面		必须达标
重点部位的防水	管道根部加强涂刷堵漏王或增加丙纶防水布		必须达标
涂刷防水层	涂刷 2 ~ 3 遍,"薄涂多层"		必须达标
	第一层固化 4 ~ 8 小时后,交叉涂刷第二层		必须达标
	高度可以统一为 180 ~ 200 cm		尽量达标
	地面防水必须上翻 30 cm 高		必须达标
	门口外延 50 cm 宽,两侧外扩 20 cm 宽		尽量达标
防水材料	双组分设计(聚合物水泥基防水砂浆)		必须达标
	若有地暖,则需要增加丙纶防水布		必须达标
门槛石和挡水条	门槛石可不做,但止水坎不能省略		必须达标
	湿区瓷砖下沉 2 cm,与干区做海棠角衔接		尽量达标
闭水试验	注水高度在 20 mm 以上,48 小时后水位应无明显回落		必须达标

涂刷防水的施工流程

◆ 铲除原始防水层　→　◆ 水泥砂浆封槽　→　◆ 拉毛处理，涂刷墙固　→　◆ 抹灰找平　→　◆ 洒水湿润　→　◆ 重点部位的防水处理　→　◆ 涂刷 2~3 遍防水涂料　→　◆ 进行闭水试验

① 拆除原始防水层

涂刷防水前是否有必要铲除原始防水层？最简单办法就是用手撕一下墙皮，能整片撕下的可以果断铲除。如果完全撕不动，则没必要去管。

●铲除原防水层

② 基层处理

施工前必须把各类管线槽用水泥砂浆封死，并做拉毛处理和涂刷墙固，从而增加墙面的附着力。

●封堵管线槽

③ 墙地面找平

对墙面进行抹灰处理，对地面进行找平处理，简单说就是用水泥砂浆对墙地面进行找平。注意：如果原空间不是卫生间，还需要提前做打毛处理，避免石膏层不牢固。

●墙面抹灰找平

④ 洒水或刷水，将墙面浸湿

基层干透后就可以正式施工了，把杂物清理干净后，要先给墙面洒水或刷水湿润墙面。

●在墙面上刷水

⑤ 重点部位的防水处理

大面积涂刷防水前，先在管道根部（下水口、地漏、墙角等）加强涂刷堵漏王或增加丙纶防水布，避免缝隙处漏水。

●重点部分的防水处理

⑥ 涂刷防水层

防水层需要涂刷 2 ~ 3 遍，原则是"薄涂多层"，这样可以保证层层干透。第一遍均匀滚涂，不得有遗漏，固化 4 ~ 8 个小时后，第二遍采用十字交叉手法涂刷，这样可以最大程度避免漏刷。涂刷 3 遍就足够了，层数并不是越多越好。

高度上，可以统一为 180 ~ 200 cm。注意：无论使用何种材质，地面防水必须上翻 30 cm；门口处向外延伸 50 cm 宽，两侧外扩 20 cm 宽。

●"薄涂多层"—— 一次均匀地涂抹一层，分多次涂刷

●地面上翻 30 cm 高

●门口外延 50 cm 宽

⑦ 防水材料选择

防水材料最好选择双组分设计（聚合物水泥基防水砂浆），一袋乳液和一袋粉剂混合。如果卫生间做了地暖，那么丙纶防水布万万不能少，这是因为即使柔性防水材料也挡不住地面的热胀冷缩。

●铺贴丙纶防水布

⑧ 门槛石和挡水条设计

门槛石可以不做，但是结构层的止水坎却不能省略，它能防止积水渗透到门外。

● 止水坎

除了常规挡水条，干湿分区推荐两种做法——地漏分隔和海棠角衔接。前者可以直接使用地漏来分隔干区和湿区，只要地漏下水速度快，水就出不去，还能确保地面齐平。后者是将湿区瓷砖下沉 2 cm，和干区做海棠角衔接，比挡水条更简洁。

⑨ 进行闭水试验

闭水试验的作用是检查防水涂料施工是否存在漏刷，是否完全合格。注水 20 ~ 40 mm 高，48 个小时后，水位没有明显回落，就说明防水层没有问题。注意：提前和楼下邻居打好招呼，一旦漏水可以及时整改。

● 48 小时闭水试验

小贴士

防水施工后的三个常见问题

一是表面开裂，原因是单层防水过厚；二是局部泛白，原因是基层积水未清理干净就直接做防水；三是起壳脱落，多半是因为防水层未固化，过早进行闭水测试。

● 局部泛白

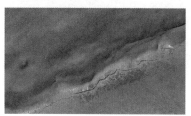

● 表面开裂

● 起壳脱落

第2节
瓷砖的选购要点及铺贴工艺

1 瓷砖的选购要点

瓷砖选购的关键点是花纹、尺寸和光泽度。本节就来详细聊聊瓷砖的区别，以及购买时的关键细节。

（1）关于花纹

影响瓷砖"颜值"的最大因素是纹路的真实性。同一型号有多少种不重复的花纹就是有多少个板面，基础瓷砖一般有 4 ~ 6 个板面，但想要效果好至少得是 8 个以上板面。优质瓷砖的板面一定是足够多。

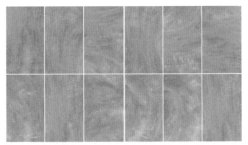
●瓷砖板面数量

瓷砖的耐磨性、防滑性（摩擦系数）以及吸水率都取决于釉料的好坏，这里总结了一个表格，供大家参考。

优质瓷砖的参考指数

具体指标	耐磨性	摩擦系数	吸水率
优质瓷砖	3级以上	大于0.7	0.5%以下

（2）尺寸选择

瓷砖尺寸越大价格越高，铺贴成本越会随之上升。因此，瓷砖越大越应该买质量好的，毕竟工费都出了，砖不好岂非本末倒置？

600 mm×1200 mm 尺寸的瓷砖一般称之为"612"尺寸，想要达到高端大气的铺装效果，至少要选择这个尺寸的瓷砖。"715"尺寸（700 mm×1500 mm）的瓷砖性价比较高，我家使用的就是这个尺寸。如果你的预算比较高，则推荐"918"尺寸（900 mm×1800 mm）和"1228"超大尺寸（1200 mm×2800 mm），整体性更强。

●"612"尺寸瓷砖

如果你的预算有限，那么"36"尺寸（300 mm×600 mm）、"48"尺寸（400 mm×800 mm）以及"88"尺寸（800 mm×800 mm）的普通瓷砖也可以。

（3）光泽度

瓷砖按光泽度分为亮光、亚光和柔光三大类。亮光砖的光泽度在 55% 以上时，容易留下水渍，灯光照射时容易产生光斑，会降低整个空间的高级感，我不推荐。亚光砖的光泽度在 15% 以下，没有光反射，显得非常高级，也不难打理，我比较推荐。柔光砖也是一种亚光砖，光泽度在 25% ～ 55% 之间，和大理石接近，如果你家楼层低，采光不好，可以选择柔光砖。

小贴士

为什么瓷砖尺寸越大，价格越贵？

一是生产设备造价高，二是运输成本高。大尺寸瓷砖一定要选大品牌，否则可能瓷砖本身不平，会导致铺贴后边角凹凸。

（4）售后服务

除了瓷砖本身，品牌的售后服务也很关键。前期如果没量房、排板，后期多半要补砖，势必会增加预算，而且高价格入手的大尺寸砖很有可能被师傅切得七零八碎；如果不交底，则可能铺得千奇百怪。还要问清楚送货是否含上楼费用，砖是真的重，千万别想着自己搬。

（5）关于全瓷砖和陶瓷砖

如今，大尺寸瓷砖基本上都是全瓷砖，铺贴时需要使用瓷砖胶（费用比水泥砂浆贵）。超大尺寸的瓷砖坯体还可能升级为岩板坯体，厚度更薄，耐用性也更强。

● 亮光砖

● 亚光砖

● 柔光砖

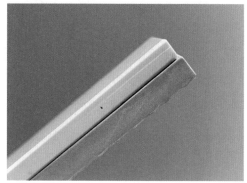

● 上边为岩板坯体，下边是普通瓷砖坯体

2 瓷砖的铺贴工艺

瓷砖铺贴包括墙面瓷砖铺贴和地面瓷砖铺贴，其中，墙面瓷砖可以采用瓷砖胶薄贴，施工成本高，但完成面更薄，更牢固；地面瓷砖通常采用水泥砂浆铺贴，相对来说成本比较低。

瓷砖铺贴的要点

项目	要点	是否达标	必要性
归方找平	大尺寸瓷砖基层需归方找平至阴阳角均为90°		尽量达标
排板设计	非整砖用在角落		尽量达标
	墙地砖要对缝		尽量达标
	门口地面的瓷砖整块通铺		尽量达标
墙砖铺贴	全瓷砖及大砖需要用瓷砖胶		必须达标
	用水泥砂浆进行预铺，掀起，填满水泥砂浆后再次敲实		必须达标
	岩板或大理石薄铺时，地面需提前找平		必须达标
水平确认	墙面第一块砖需检查垂直度和水平度		必须达标
	湿区地砖建议按照坡度5°左右往地漏处倾斜		尽量达标
砖缝大小	使用十字定位卡，保证缝隙一致		尽量达标
阴阳角处理	阳角做45°倒角碰尖处理（海棠角）		必须达标
	阴角处进行留缝处理		必须达标
"墙压地"处理	"墙压地"只关乎美观，对防水影响不大		尽量达标
开孔处理	开关、插座套割整齐，出水口用开孔器开孔		尽量达标
门套设计	如果是单包套门洞，则侧面和顶面也必须贴砖		必须达标
完成面高度	想要地砖、地板齐平，需确认地板厚度和铺贴方式		必须达标

瓷砖铺贴的流程

◆ 归方找平
◆ 排板设计
◆ 墙砖开关、插座及进出水口开孔
◆ 墙砖铺贴，确认水平、垂直
◆ 地砖、地漏开孔
◆ 地砖铺贴，确认坡度

① 归方找平

对铺贴要求较高或家中使用大尺寸瓷砖的业主来说，一定要在基层进行归方找平，找平至阴阳角均为 90°。卫生间要在防水前进行抹灰找平。

●归方找平

② 排板设计

贴瓷砖前一定要提前测量现场尺寸并进行排板设计，记住这三个技巧：首先，尽量保证非整砖位于能盖住的区域或角落阴角处；其次，墙地砖要做对缝设计，防止出现缝隙不齐的现象，并且壁龛中也尽量不要出现接缝；最后，地砖通铺时，门口的地砖一定不能切成小块替代门槛石，而要整块通铺过去。

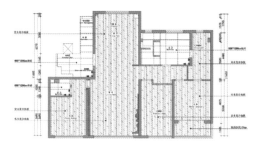
●地砖排板设计图

③ 墙砖铺贴

墙面多采用瓷砖胶薄贴，虽然成本较高，但完成面更薄，更牢固结实。瓷砖胶也是有等级的，不同尺寸需要用对应型号的瓷砖胶。基层平整度偏差一定要控制在 3 mm 以内，可以提高施工速度，降低施工成本。齿刀批刮厚度在 10 mm 左右，梳齿时刮刀与墙面成 45°～60°，要保证有力度，线条一致，均匀饱满。

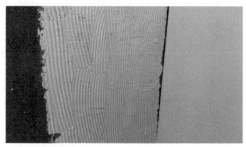
●齿刀批刮瓷砖胶

除边长小于 30 cm 的小砖可以直接墙面薄贴压实外，其他瓷砖还需要在砖背面涂抹瓷砖胶，梳齿后压实。施工时墙面和瓷砖背面都需要用瓷砖胶梳齿涂抹，这样才能保证牢固度。

●在瓷砖背面涂抹瓷砖胶

④ 地砖铺贴

地砖多采用水泥砂浆铺贴，水泥砂浆成本较低，铺贴大砖时也不容易产生空鼓。地砖分段铺贴，水泥砂浆一定要找平。预铺地砖用橡胶锤敲平后掀起。

●地砖用水泥砂浆铺贴

在缺浆处填满水泥砂浆，再次铺放地砖，用橡胶锤敲实。地面用的是岩板，一般来说厂家会要求先找平，再薄贴或拉网铺贴。

●用橡胶锤敲实

⑤ 水平确认

铺贴墙面时，贴好第一块砖后用水平靠尺和线坠检查垂直度和水平度，并用橡胶锤轻敲调平。铺贴过程中，随时用水平靠尺检查墙地砖的水平度以及与相邻砖的高度差。

●水平确认

铺贴地砖时应设计导水坡度，湿区建议按照坡度 5°左右往地漏处倾斜，避免造成积水。干湿区分离的情况下，干区地面不用设计坡度。

●卫生间找坡

⑥ 确保砖缝大小一致

为了保证瓷砖缝大小一致，所有缝隙处都要使用十字定位卡来进行定位。

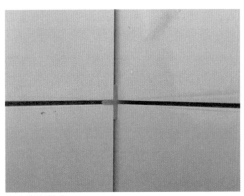
●十字定位卡

⑦ 阴阳角处理

阳角处要使用瓷砖 45°倒角碰尖工艺，预留 2 mm 做海棠角，防止瓷砖崩瓷。千万不要使用瓷砖阳角装饰条，其色差大，不美观，唯一的优点就是施工方便。阴角处也要留缝，否则美缝胶打不进去，热胀冷缩还可能导致崩瓷脱落。

●海棠角处理

●阴角留缝

⑧ "墙压地"处理

"墙压地"或"地压墙"只关乎美观度，对防水影响不大。"墙压地"之所以施工难度大，不仅仅是因为墙砖需要留最底部一排、上部瓷砖要悬空铺贴，还因为地面有导水坡，瓷砖表面不会水平，所以想要"墙压地"缝隙一致，还需要切割最后一排墙砖的底边。当然，如果是多个房间贴砖，就可以先把地砖贴好后再铺贴其他房间，等三四天后再回头铺贴墙砖。

●"墙压地"

⑨ 开孔位置

所有开孔处要保证开关、插座套割整齐方正，出水口要用专门的开孔器开孔。

●套割开孔

⑩ 门套设计

贴门洞瓷砖时应注意：房门如果是单包套设计，则门洞的侧面和顶面也必须贴砖；如果是双包套门洞，那么侧面和顶面可以不贴砖，因为后期会被门套盖住。如果使用了极窄门套，那么门洞侧面的墙体必须找直到90°，可以直接用欧松板找平。

●单包套设计

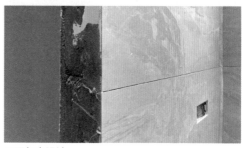
●双包套设计

⑪ **完成面高度统一**

如果地砖和地板平铺，那么一定要提前确定地板厚度和铺贴方式，从而保证两者的完成面高度保持一致。

●地砖和地板拼贴设计

3 瓷砖验收的 6 个关键点

瓷砖验收的关键点

项目	要点	是否达标	必要性
表面平整度 和垂直度	用 2 m 长靠尺检查，瓷砖表面平整度偏差在 3 mm 之内		必须达标
	阴阳角处用直角尺检查，垂直度偏差在 3 mm 之内		必须达标
	用一张平整的硬卡片在瓷砖表面滑动，缝隙处不能被卡住		必须达标
排水坡度	在地上扔几个乒乓球，看其能否都汇集到地漏处		尽量达标
空鼓率	全屋瓷砖的空鼓面积不能超过 5%		必须达标
	单片瓷砖的空鼓面积要小于 15%		必须达标
套割验收	检查开关、插座是否切割整齐，保证可以安装		必须达标
	出水口出墙距离合适		必须达标
粘贴 提示条	铺装完成后必须及时粘贴水电提示条		尽量达标
完工保护	使用保护膜或石膏板保护地砖、地板		尽量达标
	门槛、过门石等用木质保护槽或布基胶带保护		尽量达标

（1）瓷砖表面的平整度

一般采用2m长靠尺检查平整度，要保证瓷砖表面平整度偏差在3mm之内。阴阳角处用直角尺检查，垂直度偏差要在3mm之内。

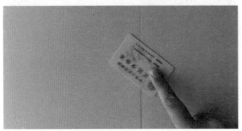
●滑动卡片，卡片不会被卡住

（2）排水坡度测试

有排水需求的空间（卫生间），需要检测地面的排水坡度。可以在地上扔几个乒乓球，看其能否都汇集到地漏处。

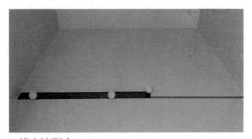
●排水坡测试

（3）空鼓率

用空鼓锤敲击瓷砖，通过敲击声来判断瓷砖是否空鼓。全屋瓷砖的空鼓面积不能超过5%，单片瓷砖的空鼓面积要小于15%。

●用空鼓锤敲击

（4）套割验收

检查开关、插座切割得是否整齐，开口太小将无法放入小基座，太大的话遮盖不住面板。出水口用开孔器开孔，保证出墙距离合适。

●套割检查

（5）粘贴提示条

墙砖铺装完成后必须及时粘贴水电提示条，提示条需要贴至线盒或出水口开孔上沿，最好再配几张水电路施工照片供师傅参考。

●粘贴水电提示条

（6）完工保护

地砖、地板以及大理石台面完工后必须使用保护膜或石膏板进行保护。门槛、过门石、滑轨等统一使用木质保护槽或布基胶带保护，防止划伤或砸坏。

●完工保护

美缝的选材和施工流程

1 选择合适的美缝材料

常见的瓷砖美缝材料有三种：填缝剂、美缝剂和环氧彩砂。填缝剂不必多说，除非你打算用黑色，否则过两年很容易发霉变色。下面来简单来对比一下美缝材料各方面的性能，并重点聊聊美缝剂和环氧彩砂的区别。

美缝材料对比

材料	价格	主要成分	色泽度	外观	耐用性	清理难度	施工难度
填缝剂	便宜	石英砂和水泥基	亚光	有色差，凹于瓷砖	易发霉	较麻烦	简单
美缝剂	较贵	色粉和环氧树脂	亮光	色差不明显，凹于瓷砖	防霉和耐污效果好	简单	较复杂
聚脲美缝剂	贵	聚天门冬氨酸酯树脂	亮光、亚光	色差不明显，凹于瓷砖	抗氧化，不变色	简单	较复杂
环氧彩砂	贵	石英砂和环氧树脂	亚光	色差不明显，与瓷砖齐平	硬度高，不怕晒	简单	复杂

（1）价格

填缝剂一般由瓦工免费来施工，美缝剂需要额外找工人施工并付费，环氧彩砂的价格比美缝剂还高。

●填缝剂便宜，但易发霉

（2）材质

美缝剂和环氧彩砂最大的区别就是环氧彩砂用石英砂代替了色粉，因此环氧彩砂的硬度较高。这也导致环氧彩砂用胶枪打不动，一般为桶装。

●环氧彩砂

（3）外观

美缝剂属于亮面设计，略凹于瓷砖表面，存在感较高；环氧彩砂是亚光质地，可以和瓷砖表面平齐，从而实现无缝衔接的效果，存在感较低。

●环氧彩砂效果

（4）耐用性

美缝剂最大的特点是防霉和耐污效果好，打理方便。环氧彩砂硬度高，相对来说不怕太阳直晒，耐污性略逊于美缝剂，但比填缝剂强。抗氧化能力最强的是聚脲美缝剂——一种新材料，其固化剂是聚天门冬氨酸酯聚脲，也有亚光色，不过依然无法做到与瓷砖表面齐平。

（5）清理难度

在日常清理上，除了填缝剂比较麻烦外，美缝剂和环氧彩砂都比较容易。

---

2 美缝剂和环氧彩砂的施工流程

无论采用何种填缝方式，都要等贴砖一周后再进行施工（其间禁止用水），这样才能保证墙体内的水汽完全散出。施工前都需要先吸尘，然后用小刀清理砖缝，并用吸尘器深度清洁，最后彻底清理缝隙。

（1）美缝剂施工

美缝剂的施工步骤

◆ 保证地面干燥　◆ 吸尘，清理砖缝　◆ 用胶枪打胶　◆ 铲除余胶

美缝剂的施工比较简单，首先用胶枪打胶，然后再用专业的压缝工具压缝，第二天再铲除多余的胶条。

●用胶枪打胶

●压缝

●铲除余胶

●用刮板填缝

（2）环氧彩砂施工

环氧彩砂的施工步骤

◆ 保证地面干燥
◆ 吸尘，清理砖缝
◆ 配料
◆ 用刮板填缝
◆ 打圈擦洗
◆ 收光处理

●打圈擦拭

环氧彩砂需要配料，并用刮板把材料填进缝隙里。填缝半小时后打圈 360° 擦试，最后在大概 1 个小时后进行收光（时间与温度、湿度有关）。环氧彩砂极容易变干，对新手来说并不友好，整体施工难度要大于美缝剂。

●收光完毕

总结一下：如果想让砖缝隐形，那么最好的办法就是使用环氧彩砂，只有它才能做到与砖缝齐平。如果用在厨房（打理难度高），则美缝剂是不错的选择。

●搅拌调色

第4节
窗户和防盗门的选购指南

1 窗户的选购要点

窗户的选购要点

项目	选购要点	是否达标	必要性
玻璃	基础玻璃厚度 5 mm，中空厚度 9 mm		尽量达标
	单面玻璃超过 5 m² 的，可以使用夹胶玻璃		尽量达标
	如果单玻璃双边大于 2.5 m，则使用加厚玻璃		尽量达标
	追求保温效果，玻璃增加 Low-E 镀膜		尽量达标
	钢化玻璃窗户角必须有 3C 认证		必须达标
	铝隔条选择一体折弯工艺		必须达标
窗框	窗框型材测量的是窗框而不是窗扇		必须达标
	型材壁厚是关键，新国标是 1.8 mm 厚		必须达标
	隔热条材质选 "PA66-GF25"		必须达标
	隔热条宽度常规为 35.3 mm		尽量达标
	密封胶条选三元乙丙橡胶条		必须达标
五金	明确传动器、锁点、合页、风撑等部件		必须达标
	防止执手是好品牌，其他五金则以次充好		必须达标

封窗是装修中很容易被大家忽略的一项开支，新房交付基本不需要换窗户，因为新房大多是断桥铝窗，并且会提供 2 年质保。那么什么情况下需要换窗呢？

一是窗户是塑钢，塑钢耐久性差，时间长了会下坠变形；二是开放式阳台需要封窗的情况；三是窗景好，业主想更换大窗户。

●客厅超大落地窗

窗户由窗框、玻璃和五金三个部分组成，面积最大的当属玻璃，影响隔声和隔热的最大因素也是玻璃。

（1）玻璃型号和材质

首先了解玻璃型号。我们最常说的三层中空玻璃，通常规格为"5+9A+5+9A+5"，5是指5mm厚的玻璃，9指的是9mm的中空厚度。

材质上，一定要购买有3C认证的钢化玻璃，建议选择大品牌的玻璃。玻璃间的铝隔条选择一体折弯工艺的，密封性更好。

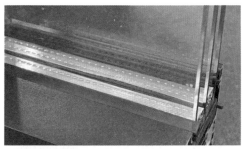
● 三层中空玻璃

（2）窗框的选择

常见的70、80以及100等型号指的是窗框型材的厚度（单位为毫米），这个数据不那么重要。比如100窗框可能只做了纱窗一体式，对隔声、隔热没有实质性改善，家用窗框厚度达到70mm以上即可。

● 100（窗纱一体设计）、80、70窗框

小贴士

窗框的厚度如何测量？

测量窗户的厚度时应测量固定部分，而不是最后的开启扇部分，也有很多商家利用这点虚标窗框的厚度。

● 正确测量窗框的厚度

型材的壁厚才是关键，新国标规定是1.8mm厚度。除了型材外，设计也很重要，例如我家客厅的落地大玻璃就使用了加强中梃。

● 测量型材壁厚

● 加强中梃

隔热条材质选择"PA66-GF25"，千万不要选PVC。隔热条宽度对保温影响也很大，理论上隔热条越宽，保温效果越好，目前35.3 mm宽的隔热条应用得比较广。隔热棉也不能少，聚氨酯发泡材质即可。密封胶条可选用三元乙丙橡胶条，密封效果和抗老化效果都不错，不会发硬断裂。

●隔热条

●隔热棉

●密封胶条

（3）五金

五金也是决定窗户使用寿命的关键因素，包括执手、传动器、合页、锁点、风撑等部件。有些商家只是执手用好品牌，其他五金以次充好。

●执手

（4）窗户的性能数据

保温：门窗的保温性共分10级，10级的保温效果最好。

隔声：门窗的隔声性能共分6级。中空玻璃可以阻隔说话声、喇叭声、广场舞音乐等高频噪声，但对交通等低频噪声隔绝效果不太理想。想要降噪效果好，夹胶玻璃必不可少。

气密性、水密性：气密性共分8级，水密性分6级，门窗密封胶条决定了气密性和水密性，材料建议选择原生胶占比28%的三元乙丙胶条。

抗风压性能：玻璃越厚抗风压能力越强，可以采用夹胶玻璃来提高抗风压性能。

●水密性试验

（5）常见增项

一定要在合同中写明安装用的玻璃胶、结构胶的具体品牌型号，否则后期修改会增加费用。开启扇、纱窗、转角立柱都是最基本的收费项，加横梁、改色、窗扇面积过小或过大也会额外收费。

● 转角、开启扇

小贴士

什么是系统门窗？

不是说标个"某某系统"门窗就是系统门窗了，关键要看窗框是不是整窗出厂的，出厂时是否用了原厂玻璃，窗框是现场组装的肯定不是系统窗。

● 窗框整窗出厂

2 窗户的设计和安装要点

窗户的设计和安装要点

项目	要点	是否达标	必要性
窗户设计	性能合理		尽量达标
	窗户横梁距离地面 1.1 m		必须达标
	执手高度为 1.6～1.8 m		尽量达标
	落地玻璃外金刚网纱窗＋玻璃护栏		必须达标
	厨房开启扇不影响龙头的正常使用		必须达标
	卫生间开启扇不影响花洒的正常使用		必须达标
安装要点	拆除时不要破坏外延墙体的整体性		必须达标
	安装完毕后再补一遍防水		尽量达标
	安装位置不要超过外墙导水槽		必须达标
	固定点间距在 60 cm 以内		必须达标
	膨胀螺栓粗细在 8 mm 以上		必须达标
	将螺钉固定在铝合金上		必须达标
	加塑料垫片增加耐久性		尽量达标
	发泡胶喷水后再打实打匀		必须达标
	安装师傅必须使用安全绳		必须达标

（1）窗户设计

① 明确规定
首先了解物业是否对外立面有规定的样式，如果要求严格，就只能在物业提供的外观样式中选择合适的。

② 参数设计
设计时要考虑性能的合理性，例如青岛的风比较大，因此我就在原有基础上增加了玻璃厚度，提升抗风压性能。细节上，一定要设计排水槽，防止从玻璃上留下来的水排不走。

③ 尺寸合理
一般来说，门窗横梁距地在 1.1 m 左右，执手高度要距地在 1.6 ~ 1.8 m 之间，以方便开窗。

● 横梁、执手高度

④ 开启位置
还要考虑厨房开启扇和龙头的位置，以及卫生间开启扇和淋浴、花洒的位置，设计不当将导致窗户无法正常开启。

（2）窗户的安装要点

① 拆除时不能破坏墙体的完整性
拆除原有窗户时不要破坏外延墙体的整体性，安装完成后可以再补一遍防水。

② 确定固定点间距
固定窗框时，固定点间距应控制在 60 cm 内，固定螺钉不能打在隔热条上，而要固定在铝合金上。

● 将螺钉固定在铝合金上

③ 选择塑料垫片
传统窗户的垫片一般是木质的，时间长了容易腐烂，导致窗户松动，建议选择塑料垫片——耐久性更好。

④ 打密封胶
尽量选择质量好一点的玻璃胶或发泡胶，这样才能确保密封时打胶均匀；打之前最好提前喷水，这样有助于固定紧实。

⑤ 规范安装，使用安全绳
安装时，为了安全，所有的安装师傅必须使用安全绳。

3 防盗门的选购指南

一般来说，防盗门需要在瓦工工序前进行更换。大多数业主更换防盗门的原因主要是基于这三点：安全性、耐用性和"颜值"。

●防盗门

（1）安全性

防盗门分为甲级、乙级、丙级、丁级四个等级，通常新房标配的都是防火门（个别是甲级防盗门）。仅需记住甲级防盗门配C级锁芯即可。

（2）耐用性

相比安全性，防盗门的耐用性更为关键。影响耐用性的指标有两个：一是填充物材质，二是铰链设计。常见的填充物材质有岩棉、聚氨酯发泡、蜂窝纸和航空铝箔。铰链需要定期保养，每3个月用机油简单润滑一下即可。不必太过追求隐形铰链，因为好的隐形铰链价格高，而差的隐形铰链会限制门的开合角度。

●左侧为普通铰链，右侧是隐形铰链

（3）"颜值"

不少业主更换防盗门的原因是觉得原防盗门太难看了。新房标配最多的是平开门，尺寸为 950 mm×2050 mm 或 960 mm×2050 mm。如果想要更大气的感觉，可以选择子母门，尺寸为 1180 mm×2050 mm。大平层或别墅业主还可以考虑对开门，一般来说属于非标定制，价格会更贵。

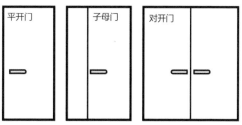
●防盗门外观示意

小专栏

防盗门的改色技巧

如果你不想大刀阔斧地换门，也有更廉价的方式，比如防盗门改色。防盗门改色应用最多的方式是粘贴羊毛毡和刷漆。

◎粘贴羊毛毡

将羊毛毡直接粘到防盗门上的方式最简单，只需要把门的尺寸量好即可。粘贴难度也不大，不用担心有气泡，因为羊毛毡有一定的厚度。

如果想收口完美，最好把门锁卸下来贴，贴好羊毛毡后再安装回去，但拆卸门锁比较困难。

羊毛毡改色的缺点也很明显，首先仅能用于室内，其次羊毛毡无法呈现凹凸造型，贴上后就是一个平板样式。

●在入户门上粘羊毛毡

◎刷漆

刷漆的关键是选对漆，普通乳胶漆的遮盖力和附着力在金属上都不太好，最好选择专用金属漆或全能漆。如果是深色门，浅色的漆很难遮盖，因此换色也尽量选择颜色稍微深一点的且多刷几遍。

刷之前一定要用保护膜对不刷漆的地方进行保护，并且在需要刷漆的地方进行打磨，提高漆面的附着力。

●刷漆门

▶ **第6章**

油工工程

乳胶漆施工全流程

1 墙面的基层处理

在开始涂刷乳胶漆之前,最重要的工作是基层处理,若基层没有处理好,刷完乳胶漆的墙面就容易产生开裂、脱落等问题。

墙面基层的处理要点

项目	要点	是否达标	必要性
铲除腻子	普通腻子必须铲除,耐水腻子可以保留		尽量达标
涂刷界面剂(墙固)	油工开工前涂刷,过早涂刷灰尘多		必须达标
填缝处理	使用专门的嵌缝石膏回填水电槽		必须达标
	管槽回填处及新旧墙体交接处挂网		必须达标
石膏板处理	在石膏板钉眼处涂刷防锈漆		必须达标
	钉眼和 V 形接缝处用嵌缝石膏填平		必须达标
	嵌缝石膏干透后涂刷白乳胶,用纸绷带处理		必须达标
贴阳角条	利用阳角条找平墙角、墙边		必须达标
	砸掉一部分墙角,保证弧形阳角条和墙面贴合紧密		尽量达标
	弧形阳角条紧贴墙角固定并压实,让石膏能从孔中溢出		尽量达标
	腻子只刮两侧,圆弧部分不要刮		尽量达标
墙面找平	用 2 m 长靠尺配合阴阳角顺着原始墙面进行顺平		必须达标
	门边、柜子及踢脚线半米范围内尽量找垂平		尽量达标
	想要极简无调整板,需冲筋找平		尽量达标
批刮腻子	腻子按照说明书比例兑水,不要加胶水		必须达标
	两遍腻子分层施工,每层 1 mm 左右厚,单层不超过 2 mm 厚		必须达标
整体打磨	施工完毕一周内打磨处理		尽量达标
	保证立面垂直度偏差在 3 mm 以内,墙面平整度偏差在 2 mm 以内		必须达标

墙面基层的施工步骤

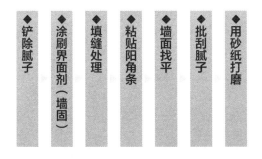

◆ 铲除腻子
◆ 涂刷界面剂（墙固）
◆ 填缝处理
◆ 粘贴阳角条
◆ 墙面找平
◆ 批刮腻子
◆ 用砂纸打磨

① 铲除腻子

墙面基层处理的第一步就是铲除腻子（墙皮），普通腻子必须铲除，耐水腻子则可选择性保留，因为铲除费用比较高。

● 基层处理的第一步是铲墙皮

② 涂刷界面剂（墙固）

第二步是涂刷界面剂，界面剂的主要作用是提升墙面的附着力，防止墙面浮灰，让腻子和墙面结合得更好。在油工开工前涂刷界面剂即可。

● 涂刷界面剂

③ 填缝处理

水电槽大都是用水泥砂浆填缝，而水泥砂浆很容易热胀冷缩，因此用水泥砂浆填缝是导致墙面开裂的一大原因。想要减少墙面开裂，需要使用专门的嵌缝石膏来回填水电线管槽。

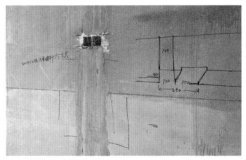

● 用嵌缝石膏填缝

回填完毕后先在回填处贴一层纸带，然后再次涂刷墙固，这样既可以防止后期开裂，又能省下全屋挂网的钱。新旧墙体交接处及不同材质交接处要进行挂网处理。

● 墙面挂网

石膏板则需要先在钉眼处涂刷防锈漆，进行防锈处理，然后再在钉眼处和Ｖ形接缝处用嵌缝石膏填平。注意：一定要等到嵌缝石膏干透后再涂刷白乳胶，然后粘贴纸绷带，并再次涂刷墙固。

●在钉眼处涂刷防锈漆

●粘贴纸绷带

如果石膏板做了弧形造型，那么除了需要做防锈处理外，还要整体挂网，同样也是为了防止后期墙体开裂。

●弧形石膏板还要整体挂网

④ 贴阳角条

填缝完毕后就可以粘贴阳角条了，目的是为了让墙体的转角更加笔直方正，并起到加固作用。

弧形阳角可以让阳角显得更加柔和，不仅"颜值"高，还可以避免磕碰到小朋友。弧形阳角条分为大弧和小弧，建议使用大弧阳角条。如果做圆形拱门，则需要选择可弯折弧形阳角条，这样做出的弧形会更圆润。

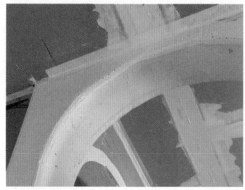
●可弯折弧形阳角条

想要弧角不突出墙面，可以在贴弧形阳角条时先把墙角砸掉一点，这样才能保证阳角条和墙面贴合得更紧密。使用时先在墙角抹上嵌缝石膏，保证一定的厚度，然后把弧形阳角条紧贴墙角固定并压实，让石膏能从孔中溢出，并用2 m长靠尺调平并保证垂直。再用嵌缝石膏将阳角条的两边覆盖住，并均匀磨平。

●砸掉部分墙体，保证阳角条和墙面贴合得更紧密

刮腻子时，只刮两侧，不刮圆弧部分

刮腻子时注意只刮两侧的腻子，圆弧部分千万不要刮，否则容易开裂。后期打磨腻子时，用砂纸着重打磨弧形部分，从而增加摩擦力，有助于乳胶漆附着。

● 在两侧批刮腻子

⑤ **墙面找平**

墙面找平的方式有三种：顺平、冲筋找平和石膏找平。其中最常用的找平方式就是顺平，用 2 m 长靠尺配合阴阳角，顺着原始墙面进行找平。门边、柜子及踢脚线半米范围内尽量找垂平，如果贴壁纸、壁布，则建议阴阳角全部垂平。

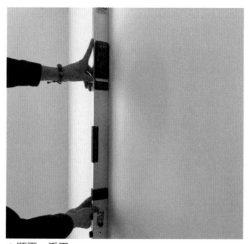
● 顺平、垂平

冲筋找平不仅可以找平还能找方，多用于柜子无调整板的极简工艺，但工费比较高。先用激光水平仪弹出垂直线，并粘贴灰饼，然后每隔 1.2 ~ 1.5 m 设置一道标筋。墙面高度小于 3.5 m 时采用立筋，大于 3.5 m 时采用横筋；抹砂浆厚度不小于 5 mm，最大厚度由墙体的倾斜度决定。

● 冲筋找平

还可以在木工阶段用石膏板找平，木工在墙面通过打木方的方式来找平，然后在木方上直接固定石膏板。

● 石膏板找平

⑥ 批刮腻子

尽量购买成品耐水腻子，二次粉刷无须铲除基层，并且腻子粉和水可以直接混合搅拌，要严格按照说明书比例兑水，千万不要加胶水。

腻子一般批刮两遍，分层施工，每层 1 mm 左右厚，单层不宜超过 2 mm 厚，总厚度不宜超过 3 mm。腻子刮完后，要求整个墙面平整光滑、四角方正、纹理均匀。注意第一遍腻子做完 2 ~ 3 天，彻底干透之后才能进行第二遍施工。

●搅拌耐水腻子

●批刮腻子

⑦ 用砂纸打磨

腻子充分干燥后，最好在完工一周内用砂纸打磨处理，也可用电动磨机，但弧形及边角等特殊部分最好还是手工打磨。完工后要保证立面垂直度偏差在 3 mm 以内，表面平整度偏差在 2 mm 以内，墙体表面光滑细腻，阴阳角方正线直。

●用强光照射打磨

小贴士

为什么打磨时要采用强光照射?

在正常光照下，我们很难看出墙面的凸凹不平和粗糙感，而用强光一照，墙面上的凸凹不平会看得更清楚，因此用强光照射打磨，可以保证腻子更加细腻。当然，这个过程也很考验施工师傅的水平。

2 如何正确选购乳胶漆?

乳胶漆的选购要点

阶段	项目	要点	是否达标	必要性
前期选购	环保指数	参照最新国家标准		必须达标
	环保认证	中国环境标志认证、蓝天使环保认证、M1环保认证、绿色卫士认证		尽量达标
	耐污性	有漆膜		尽量达标
	耐擦洗	次数大于或等于5000次		尽量达标
	遮盖力	对比率大于或等于0.95		尽量达标
	调色准确性	选择预调色漆		尽量达标
中期验收	晃动测试	无明显水声		尽量达标
	开盖闻味	既不刺鼻,又没有太大的香味		必须达标
	挑起扇面	流动顺滑		尽量达标
	手摸感受	光滑、细腻,没有硬块		必须达标
	漆膜质量	干后会形成有韧性的漆膜		尽量达标
	遮盖力	能盖住白纸上的字		尽量达标
	耐擦洗	彩笔可擦除		尽量达标
	附着力	胶带粘不掉乳胶漆		尽量达标
后期用量	涂刷面积	(建筑面积 ×80%-10)×3		尽量达标
	1L面漆	刷4～5 m²		尽量达标
	1L底漆	刷8～10 m²		尽量达标

(1)选购要点

① 环保性

首先是环保性,除了甲醛含量,乳胶漆还有一系列相关环保指标,见下页表。也可以直接查看乳胶漆的环保认证,最基础的乳胶漆也要具备中国环境标志认证;稍微好点的则需要蓝天使环保认证(德国)、M1环保认证(芬兰)以及绿色卫士认证(美国)三者中的一种或几种。

乳胶漆环保指标

名称	国标指数
甲醛含量	≤ 50 mg/kg
挥发性有机化合物（VOC）含量（内墙涂料）	≤ 80 g/L
总铅含量	≤ 90 mg/kg
可溶性镉	≤ 75 mg/kg
可溶性铬	≤ 60 mg/kg
可溶性汞	≤ 60 mg/kg
苯系物总含量	≤ 100 mg/kg

② 功能性

乳胶漆的功能性主要是耐污性、耐擦洗和遮盖力。耐污性没有具体数据，主要看后期能否形成漆膜。耐擦洗会有具体的检测报告，次数大于 5000 次即可。遮盖力主要看对比率，对比率在 0.98 以及以上就十分优秀，不能低于 0.95。

●漆膜

③ 调色的准确性

传统方式是确认色卡颜色后现场调制颜色。想要颜色更精准，最好选择预调色漆，确认好色号后厂家发过来的就是已经调好色的乳胶漆，无须师傅现场调色。

●预调色漆

（2）乳胶漆的颜色

造成乳胶漆环保不达标的重要因素就是色浆的添加，若用深色乳胶漆，一定要选择环保指标更高的型号。

一般来说，大品牌乳胶漆的线下店都有大色卡。在用大色卡确认好颜色后，如果还不放心，那么可以先买一桶漆让师傅在不重要的房间里先试刷一面墙，看看效果，这样也能提前检验油工师傅的水平。

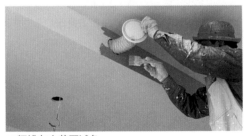
●师傅在小范围试色

●色卡选择

如果你比较在乎生活品质，那么可以关注乳胶漆的光泽度。光泽度分为亚光、平光、蛋壳光和丝光等。亚光基本不反光，也好修补，墙面、顶面都可以用，虽然百搭，但不出彩。平光介于亚光和蛋壳光之间，质感好，容易打理，一般用在公共空间和走廊等人流较高的区域。蛋壳光是我最推荐的，具有鹅绒般柔和的色泽，色彩饱和度强，高级感满满，但比较考验师傅的技术，墙面不平会在蛋壳光的光泽度下暴露无遗。丝光比蛋壳光亮一点，推荐用在儿童房。

●亚光

●丝光

●蛋壳光

（3）乳胶漆用量计算

购买乳胶漆前，需要预估室内使用乳胶漆的面积，可以按照"（建筑面积 ×80%-10）×3"来计算。比如建筑面积为 100 m² 的房子，大概需要涂刷 210 m² 的乳胶漆。

其次确定购买的乳胶漆升数，通常 1 L 面漆刷两遍可以刷 4 ~ 5 m²，1 L 底漆刷一遍可以刷 8 ~ 10 m²。

> **小贴士**
>
> **蛋壳光和丝光乳胶漆对墙面基层要求较高**
>
> 蛋壳光和丝光的漆面看起来充满质感，又很显高级，但这种高光泽度的漆面就像一面放大镜。如果基层处理不当或是细节不足，则任何小的瑕疵都会显得格外扎眼，因此十分考验师傅的手艺。

3 乳胶漆的施工流程

基层处理完就可以涂刷乳胶漆了，施工前需要再次检查打磨后的墙面。如果你想刷蛋壳光、丝光等特殊光泽的乳胶漆，则用手电筒光打上去，墙面不能有坑洼或划痕等。

乳胶漆的施工要点

项目	要点	是否达标	必要性
涂刷保护	注意地面及成品保护，分色区域粘贴分色纸保护		必须达标
涂刷底漆	涂刷一遍，确保均匀		必须达标
调色试色	最好选择预调色漆，并在涂刷前小面积试色		尽量达标
过滤面漆	涂刷前不能乱兑水		必须达标
	最好过滤一遍，保证乳胶漆顺滑细腻		尽量达标
挤压气泡	把乳胶漆倒入托盘，用滚刷挤压空气		尽量达标
涂刷边角	大面积涂刷前，用边角刷先进行边角部分的涂刷		尽量达标
涂刷面漆	滚刷滚涂 2～3 遍		必须达标
	温度在 5～35℃，环境相对湿度小于80%		必须达标
预留余漆	保存剩余的乳胶漆，防止后期补漆色差过大		必须达标
完工验收	保证漆膜手感顺滑，纹理一致		必须达标
	正面观察漆膜，保证颜色一致，无色差		必须达标
	从侧面观察漆膜，光泽均匀		必须达标
后期养护	刷漆后不要立马开窗通风，保持 24 小时后再通风		必须达标

乳胶漆的施工步骤

◆ 地面及成品保护 ▶ ◆ 涂刷底漆 ▶ ◆ 调色、试色 ▶ ◆ 过滤面漆 ▶ ◆ 用托盘挤压空气 ▶ ◆ 涂刷边角 ▶ ◆ 滚涂面漆 ▶ ◆ 预留余漆

① 地面及成品保护

涂刷乳胶漆前要注意地面及成品保护，分色区域粘贴分色纸保护，避免出现分色线不直的情况。

●成品保护

② 涂刷底漆

涂刷底漆的作用是抗碱、防霉，并且增加面漆的附着力，这一步万万不能省略。底漆一般涂刷一遍，一定要涂刷均匀。

●涂刷底漆

③ 调色、试色

涂刷有色乳胶漆时，最好选择预调色漆，如果预算有限，则浅色漆可以现场调制，深色漆最好预调。涂刷前要先进行小面积试色，防止因光线等原因导致色差过大。注意保存剩余的乳胶漆，防止后期补漆色差过大。

●试色、调色

④ 过滤面漆

涂刷前一定要按照乳胶漆说明书进行兑水。使用时，面漆最好先过滤一遍，这样可以保证乳胶漆顺滑细腻。

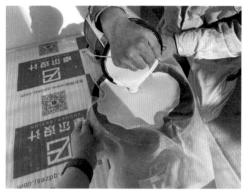
●过滤面漆

⑤ 挤压气泡

乳胶漆过滤后会产生气泡，并且不加水也会比较黏稠，直接涂刷并不方便。这个时候就需要把乳胶漆倒入托盘中，用滚刷挤压空气，保证滚刷粘漆更加均匀。

●挤压气泡

⑥ 涂刷边角

在大面积涂刷前，最好用边角刷先涂刷边角，这样才能保证边角部分色彩均匀，不会出现色差。

●涂刷边角

⑦ 滚胶面漆

面漆需要用滚刷尽量涂刷 2～3 遍，施工温度在 5～35℃ 之间，环境相对湿度小于80%，基层含水量小于 10%。之所以采用滚涂，是因为这样漆膜厚实，后期也好修补。

●大面积滚涂乳胶漆

⑧ 预留余漆

乳胶漆涂刷完毕后，通常还有剩余的乳胶漆，这些乳胶漆一定要密封保存好，以便后期定制家具、家电入场时碰撞墙面后修补使用。

●预留余漆

⑨ 验收要点

首先要保证漆膜手感顺滑且纹理一致；其次从正面观察漆膜，保证颜色一致，没有色差；最后从侧面观察漆膜，要光泽均匀。

●墙面验收

小贴士

刷完漆后不要立马开窗通风

乳胶漆刷完后不要立马开窗通风，最好密封晾干，保持 24 小时以上，否则容易造成乳胶漆开裂。

第 2 节
艺术漆的选购和微水泥施工
---

1 艺术漆的选购指南

（1）什么是艺术漆？

广义上的艺术漆涵盖所有艺术类墙面装饰材料，如微水泥、硅藻泥等。狭义上的艺术漆特指带有珠光效果的艺术类壁材，不包括微水泥、硅藻泥。

●各类艺术漆

（2）微水泥和硅藻泥有何区别？

这几年微水泥的热度很高，因其硬度高，耐磨性好，能满足防水需求，能做到墙顶地一体，而且根据批刮手法的不同还能呈现出各种效果，甚至还可以涂刷在柜体、桌面、陶瓷盆中，让居室的整体风格更加统一。

硅藻泥的热度现已渐渐降了下来，其实硅藻泥能吸附甲醛并不算虚假宣传，只是通过光触媒分解甲醛速度太慢，除甲醛效果可以忽略不计。但硅藻泥并非一无是处，它可以自动调节室内湿度，虽然吸附甲醛很慢，但其本身不会产生甲醛，还可以做出不同的图案和肌理感。

微水泥和硅藻泥特点对比

项目	特点	图示
微水泥	硬度高，防水性能优越，可以做到墙顶地一体，色彩丰富	
硅藻泥	环保，可以调节室内湿度，可塑性强	

（3）微水泥的价格参考

微水泥贵的原因并不仅仅是原材料价格，最主要的还是施工费用太高。以墙面为例，施工时需要前后涂刷 6 遍，打磨 2 遍，其间还需要等待干透。施工的面积越小，损耗越高，工费也越贵。

为什么微水泥墙面和地面的价格不同？

微水泥虽然可以做墙地一体式设计，但墙面和地面的施工价格不同。这是因为地面工艺更复杂，地面的硬度、耐污性以及耐磨性要求都要高于墙面。

2 微水泥的施工流程

墙面微水泥的施工流程

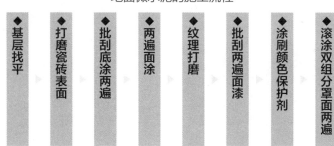

◆ 基层找平 ▶ ◆ 涂刷一遍底漆 ▶ ◆ 两遍面涂 ▶ ◆ 打磨两遍面涂 ▶ ◆ 纹理打磨 ▶ ◆ 涂刷颜色保护剂 ▶ 滚涂双组分罩面两遍

地面微水泥的施工流程

◆ 基层找平 ▶ ◆ 打磨瓷砖表面 ▶ ◆ 批刮底涂两遍 ▶ ◆ 两遍面涂 ▶ ◆ 纹理打磨 ▶ ◆ 批刮两遍面漆 ▶ ◆ 涂刷颜色保护剂 ▶ 滚涂双组分罩面两遍

① 基层找平

微水泥墙面的基层找平一般是油工师傅用腻子完成的，微水泥施工方仅检查平整度。地面虽然也可以用高强度水泥基自流平，但仍有一定的开裂风险。预算充足的，建议铺贴瓷砖，并用环氧中涂涂料填缝。瓷砖可以用杂砖，这样就仅需瓷砖铺贴费用了。

② 基层处理

为了增加漆面的附着力，如果底层是腻子，则批刮微水泥前需要涂刷高渗透抗碱底漆。如果用瓷砖打底，那么除了把瓷砖表面清理干净外，还需要仔细打磨瓷砖表面，从而增加附着力。

●瓷砖打底，用环氧中涂涂料填缝

●墙面，涂刷抗碱底漆

●地面，打磨瓷砖表面

●批刮面涂

③ 批刮底涂

如果是地面施工，则处理完基层后还需要进行底涂批刮，进一步增加基层的强度。第一遍底涂干透后，用180目砂纸打磨。然后再批刮微水泥第二遍底涂，要求批刮得平整，尽量减少抹刀痕，同样需要用180目砂纸打磨平整并清理干净。

●用砂纸打磨

⑤ 涂刷颜色保护剂

第二遍面涂打磨完成后，就可以涂刷颜色保护剂了，一边刷一边收料，保证涂刷均匀。

●批刮底涂

④ 批刮面涂

地面和墙面工艺一样，都需要涂刷两遍，用混批手法小范围弧形批刮，多方向收料，即刮即收。第一遍面涂后用180目砂纸打磨平整，第二遍面涂干透后需要穿上袜子或鞋套，用240目砂纸打磨。

●涂刷颜色保护剂

⑥ **涂刷罩面**

为了让微水泥更加耐磨，需要涂刷双组分聚氨酯罩面。涂刷时边滚边收，滚涂2～3遍，每遍间隔3个小时。一定要等到罩面干透后，才可以进行下一个施工步骤，由内向外涂刷。

涂刷时按照从左到右、从上到下的顺序，一定要涂刷均匀。边滚边收，纵向滚涂，横向收料，进行2～3遍薄涂。

施工后关闭门窗，防止灰尘和蚊虫进入，24小时后才可进人，7天后将达到最佳硬度。

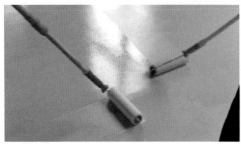
●涂刷罩面

小贴士

为什么微水泥需要多人同时施工？

因为微水泥干透的速度较快，为了保证颜色均匀，所以需要多人同时施工，且不论一面墙有多大，都必须一次性完成涂刷工作。

●多人同时施工

微水泥的优点和缺点同样突出，总结如下，大家可以根据自家的实际情况来决定是否使用微水泥。

微水泥的优缺点

优点	缺点
硬度高，具备防水性，可以实现墙地一体的极简效果；环保，方便打理，可以直接擦拭	施工费用高；硬度高，一旦损坏后期难以修补，强行修补会有明显的色差

▶ 第 7 章

卫浴洁具的选购与安装

第1节
地漏、角阀等的选购与安装

除了前面章节所讲的水电工程、木工工程、瓦工工程、油工工程，卫浴洁具的安装也需要装修公司或施工师傅来负责，这样可以最大程度上避免扯皮。

1 地漏

地漏大多是由瓦工师傅来负责安装，尽量设置在好清理的墙角，湿区按照坡度5°左右往地漏处倾斜。安装时重点检查原下水口的长短，如果过短，一定要用PVC管做延长处理，或在缝隙处填满堵漏王，千万不能悬空安装。

●地漏最好位于墙角处

（1）外观

传统地漏是四四方方的设计，中间有圆形格栅、方形格栅或圆形、方形的平板。洗衣机地漏只是在传统地漏中间加了一个圆孔，用来固定洗衣机及其他产品的下水三通，这样即使洗衣机大量排水时也不会返水。

长条形地漏一般用在淋浴区，也能用来划分干区和湿区，代替挡水条。还有极窄的长条形地漏，但造价比较高。隐形地漏是把地漏盖板翻过来，嵌入地砖中，实现隐形效果，比较考验师傅的安装水平。

●洗衣机地漏

●长条形地漏

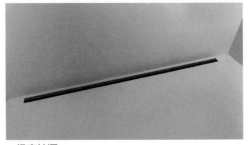
●极窄地漏

（2）阀芯

常见的地漏阀芯对比

类型	优点	缺点	使用场景
深水封阀芯	下水速度快，密封效果好	长期缺水会影响密封效果，不防返水	淋浴区
T形回弹式阀芯	排水速度快，密封性好，可以防止返水	结构较复杂，弹力会随时间而减弱	所有场景
重力翻盖阀芯	结构简单，对空间的安装要求较低	排水速度一般，密封效果一般	干区
硅胶阀芯	排水和密封效果都不错，价格便宜	寿命较短	所有场景

● 从左到右依次为硅胶阀芯、T形回弹式阀芯、重力翻盖阀芯和深水封阀芯

（3）材质

地漏的中端材质为304不锈钢——防锈效果好，但质感略差。高端地漏基本为黄铜材质，手感好。预算充足的话，建议选择黄铜地漏。

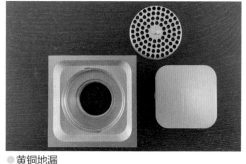

● 黄铜地漏

小贴士

地漏不能设计P形存水弯

地漏的密封性的好坏取决于阀芯，增加存水弯很可能导致排水不畅。

2 角阀

角阀是各用水点的阀门，通过角阀，我们能单独控制用水点水量或开关，从而避免单独维修或更换用水点设备时还要关闭总阀，影响其他用水设备的正常使用。

（1）口径分类

角阀的基础分类是口径，最常用的是4分角阀，外径为20 mm；进口洗衣机、洗碗机大多为6分角阀，外径是25 mm。

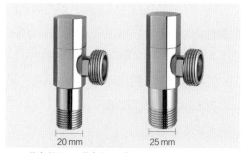

20 mm　　25 mm

● 4分角阀和6分角阀示意

（2）功能分类

家用角阀常见的是三角阀、球阀、洗衣机专用龙头和分水阀。

家用角阀特点对比

类型	特点	图示
三角阀	应用范围广，可用在厨房龙头、卫生间龙头、电热水器龙头上	
球阀	分全通径球阀和普通球阀，主要用在燃气热水器上，和三角阀相比，水流量更大	
洗衣机专用龙头	能在洗衣机进水管脱落时自动止水，避免跑水问题	
分水阀	能满足一个出水口有多个设备的用水需求	

（3）安装要点

角阀的安装流程比较简单，首先将预留的管道口清理干净，然后把装饰盖套到角阀上，并缠上生料带，最后对齐拧入管道内。

注意：生料带的缠绕方向要与角阀的牙纹方向相反，比如正面顺时针拧紧，生料带就需要逆时针缠绕。

●缠绕生料带

3 坐便器

（1）落地坐便器的选购

① 孔距

坐便器孔距是指排污口中心位置到后墙瓷砖完成面的距离，有305 mm和400 mm两种尺寸。这两种孔距在使用上差别不大，但不建议购买两个孔距通用的坐便器。

② 外观

从外观上来看，坐便器有分体式、连体式和一体式三种。

分体式坐便器、连体式坐便器、一体式坐便器对比

类型	优点	缺点	图示
分体式坐便器	底座和水箱是相互独立的，两者分开制作，成型率高，因此价格便宜	水箱和底座之间有缝隙，不好清理，容易藏污纳垢	
连体式坐便器	底座和水箱一体成型，无卫生死角	比分体式坐便器价格贵一点	
一体式坐便器	水箱是下置隐藏式，"颜值"高	维修不便，价格高	

③ 冲水方式

冲水分为直冲式和虹吸式。直冲式冲力更大，不易堵塞。如果坐便器会移位，则建议选择直冲式，但防臭效果一般且噪声大。虹吸式的防臭效果更好，更静音，对水压要求不高，排污能力强。

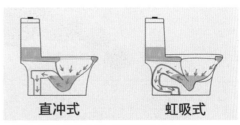
●直冲式坐便器和虹吸式坐便器的冲水对比

④ 釉面

釉面的好坏关系到坐便器是否容易挂污，最好选择全管道施釉的坐便器。更关键的是陶瓷是否为高温烧制的，高温烧制的釉面瓷化更好，更光滑，也不易渗色。

⑤ 盖板

盖板材质常见的是脲醛和PVC，两者只在美观度上有区别，在使用的舒适度上差别不大。也可以选择带阻尼的缓降盖板，这样关闭盖板时不会有声响，也能延长盖板的使用寿命。

⑥ 水件

水件关系到坐便器使用的耐久性，位于水箱内部，由进水阀、排水阀和按键三个部分组成，可以通过按键来冲水。

（2）落地坐便器的安装

首先切割、打磨排污口，排污口要突出地面一点。其次在坐便器排污口上方安装法兰，然后把坐便器排污口对准下水排污口进行安装。最后安装角阀并试水，如果坐便器不漏水，则可以在四周打一圈玻璃胶固定。

● 切割、打磨排污口

● 安装法兰

● 打胶固定

（3）关于智能坐便器

近年来智能坐便器的普及度很高。实现智能坐便器有两种方式：一是更换智能坐便器盖板，二是直接选购一体式智能坐便器。无论哪种方式，选购要点都是一样的。

① 储热式和即热式

智能坐便器冲洗的热水加热方式有即热式和储热式两种。储热式存水箱里的水会反复加热保持水温，既耗电又容易滋生细菌；即热式存水箱则是通过大功率加热棒来实现快速加热，既卫生又省电。

② 喷臂

虽然都是一个喷臂，但为了健康，建议

臀洗和妇洗使用不同的喷水口。喷臂也应具备调节前后和力度的功能，还可以在使用前自动清洁。

●智能喷臂

③ 热风烘干和除臭换气

很多业主觉得热风烘干速度太慢了，不实用。洗完后如果用纸略微沾一下水再烘干，速度就快很多。具备热风烘干功能的坐便器通常还有除臭、换气功能，比卫生间的排气扇好用。

④ 座圈加热和冲水方式

座圈加热功能对冬天上厕所十分友好。最常见的冲水方式是用遥控器按键冲水，但机械冲水按键也是必不可少的。一些智能坐便器还有座圈压力冲水功能，起身后坐便器会自动冲水。

●一键旋钮冲水

⑤ 翻盖方式

一般来说，智能坐便器可以按键翻盖，免得翻盖时弄脏手；也有感应翻盖功能，但卫生间大都比较紧凑，感应翻盖常常会误判，例如只是路过它就翻盖了。

⑥ 泡沫盾

泡沫盾是坐便器可以定时或手动产生泡沫，覆盖底部，起到防溅、除臭和防壁挂的效果。目前泡沫盾功能的应用还不是很广，相信不久的将来这个功能会更加普及。

●泡沫盾

（4）壁挂式坐便器

壁挂式坐便器有很多优点，比如无卫生死角，"颜值"高，不必担心位移较远导致的排污不畅问题。缺点是价格较高，对安装要求高，后期一旦损坏，维修也不方便等。

壁挂坐便器分自立水箱和普通水箱，如果坐便器背后是非承重墙，一定要选择自立水箱。水箱又分高水箱和矮水箱，矮水箱可以和其他台面齐平，但水箱上部还要增加检修口；而高水箱的冲水按键面板就可以作为检修口。

4 龙头

龙头看起来简单，但在实际购买时还有许多细节需要注意。本节重点来讲解龙头的材质、种类及功能等。

（1）功能分类

一般来说，有台盆龙头（洗手台台盆和阳台台盆）、厨房龙头和浴缸龙头三大类。

● 洗手台台盆龙头

● 厨房龙头

● 浴缸龙头

（2）主体材质

首先推荐黄铜材质——抗腐蚀能力强，具有抑菌作用，建议选择 H59 铜或者 H62 铜。其次推荐 304 不锈钢材质——硬度高、耐腐蚀、不生锈，不含铅，但价格较贵，多作为净水器龙头。如果你喜欢复古风设计，还可以选择陶瓷材质——比较耐用，但价格贵，易碎。

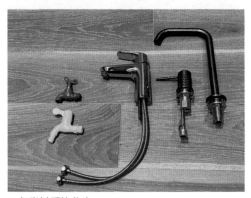
● 各类材质的龙头

（3）表面工艺

黄铜常见的表面工艺是电镀，一般有镀铬、镀镍、镀钛合金等，除了不锈钢颜色外，也可以镀黑色、金色等。

（4）开启方式

抬启式龙头开关方便，方便调节水温，应用最广泛。旋钮式龙头多用在公共空间，开启和关闭时都需要转很多圈，使用不便。扳手式龙头多用在塑料龙头上，结构简单，但密闭性差。感应式龙头多用在公共空间，目前逐渐开始在厨房中普及。

（5）抽拉方式

抽拉方式分两种：重力球式和弹簧式。

两种抽拉方式对比

抽拉方式	实现原理	优点	缺点	图示
重力球式	通过重力球来实现抽拉，利用软管来调整方向	抽拉范围广，抽出的软管长度可达 40～60 cm	重力球四周需有足够的空间，否则龙头会缩不回去	
弹簧式	利用万向旋转和软管的伸缩来实现抽拉	没有重力球，水槽下的杂物再多也不怕干扰	抽拉范围小，能灵活移动的只有龙头上部露出的那部分软管	

（6）台盆龙头的设计要点

① 龙头出水口倾斜设计

龙头出水口不要垂直向下，最好选择有15°左右的倾斜角，否则洗手时高度和位置很受限制，容易碰到台盆或龙头。

● 龙头出水口要有 15° 左右的倾斜角

② 龙头高度

台上盆要用高一点的龙头，台下盆则需要用矮一点的龙头。注意镜柜和层板的高度，防止龙头装好后因高度问题导致把手很难开启。

③ 龙头和台盆的位置

一般来说，龙头出水口距离台盆口的高度为 15 cm 左右，而龙头出水口最好距离台盆边缘 10 cm 左右，出水口要设计起泡器，这样才能保证洗手时不会把水溅出台盆。如果前后空间紧张，龙头也可以装在台盆侧面。

5 花洒

（1）花洒的种类

按预留方式，花洒分为明装和暗装两类，其中暗装花洒美观度更高，两者都需要预留冷热出水口，通常是左热右冷，冷热水管间距为 15 cm。

按出水方式可以分为手持出水、顶喷出水和侧喷出水，应用最广的是手持搭配顶喷花洒。

●暗装花洒

按功能可以分为恒温花洒和非恒温花洒。恒温花洒是通过在混水阀中安装能感应温度的热敏元件来调节冷热水的进水量，从而让花洒的出水温度保持稳定。无论你家用的是燃气热水器还是电热水器，都建议你入手恒温花洒。

（2）材质选择

花洒的主体材质以黄铜、不锈钢和 ABS 塑料为主，手持部分通常为 ABS 塑料材质。顶喷和手持部分的喷嘴材质则以较软的硅胶为主，方便清理喷头处的水垢。软管材质多为不锈钢或 PVC。

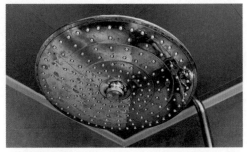

●软硅胶喷嘴

● PVC 软管

（3）选购要点

① 确认手持花洒和顶喷花洒的尺寸

手持花洒的直径为 10 ~ 15 cm，顶喷花洒的直径为 15 ~ 35 cm。在空间允许且水压足够的情况下，花洒的直径越大，沐浴体验越好。

② 花洒的开启方式

传统花洒大多是抬启式，通过手柄控制水量和水温。恒温花洒多为旋钮式，右侧旋钮控制水量，左侧旋钮可以控制水温。

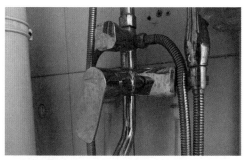
●抬起式开启

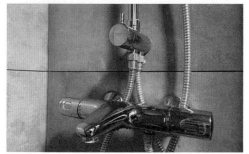
●旋钮式开启

③ 切换方式

使用时还要切换顶喷、手持以及龙头等出水口位置，有按压式、旋钮式和按键式三类，只要能保证切换顺畅，无漏水即可。

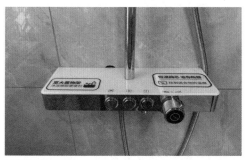
●按键式

④ 喷头的出水模式

中高端花洒的手持部分可以用按键来切换出水模式，通过改变出水方式来满足使用者的沐浴需求。例如注入空气式，水压足够

的情况下可以在水流中注入空气，由线形出水变为间断出水，淋在身上会更舒服。

　　需要说明的是，水压太小是无法实现注入空气的，这是因为注入空气的原理是水在进入喷头时水路由粗变细，这时在喷头上方设计小孔，水流得足够快，小孔会出现瞬间真空状态把外面的空气吸入，从而实现在水流中注入空气。注入空气改善的只是使用舒适度，无法通过空气注入来实现增压。

●注入空气式出水

小贴士

为什么不建议使用增压花洒？

在水流一定的情况下，想要增压，只能缩小出水面积。最常见的增压方式就是缩小出水孔，淋浴时感觉上出水压力大了，但实际上冲半天都冲不干净，而且舒适度也不高。

如果你家水压实在太小，则建议安装增压泵来增强水压。也有一种可能，入户水压不小，是热水器选择错误导致热水水压不够，这时候你就需要更换热水器了。

淋浴房、浴室柜等的选购与安装

1 淋浴房

（1）选购要点

淋浴房选购的核心是玻璃、框架和五金。首先是玻璃，玻璃要选择有 3C 认证的钢化玻璃，并且贴防爆膜；还可以选择特殊玻璃来增加美观度，如长虹玻璃、夹丝玻璃等。厚度上建议选择 6 mm 或 8 mm。

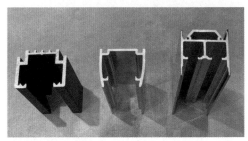

●各类型材的截面

（2）设计要点

卫生间空间足够大的话，建议用一字形淋浴房，安装简单且耐用。空间面积有限的话，可以选择弧形或钻石形设计，借助墙角空间打造一个小淋浴房。也可以使用 L 形设计，尺寸上要保证单边不小于 90 cm 长。

●长虹玻璃

其次是框架，框架材质有铝合金、不锈钢和铜合金。铝合金价格低，应用广，耐腐蚀性差。不锈钢一般为拉丝亮面设计，耐腐蚀性好，硬度高，价格比铝合金贵一些。铜合金最贵，表面会进行电镀处理，质感好。

型材的厚度有 1.2 mm、2 mm 和 3 mm 等，一般来说，型材越厚越结实，价格也就越高。如果追求美观度，那么也可以选择极窄边框或无边框设计。

●钻石形淋浴房

2 浴室柜

浴室柜是卫生间中最重要的储物空间，功能性极强，因此选购上绝对不能马虎。

（1）柜体材质

成品浴室柜多为实木多层板，防潮性好，不易变形，价格不高，但环保性能不佳。如果预算充足，那么可以选择实木柜体，同样防潮、防变形，而且更环保。如果用在出租屋，则 PVC 材质也不错，价格便宜、颜色丰富、防潮性好，但会显得廉价。

●实木多层板柜体

（2）台面材质

台面材质对比

类型	特点	图示
陶瓷一体盆	应用广，耐用，好打理，价格适中	
大理石台面搭配陶瓷盆	"颜值"高，质感好，台面和盆体之间有接缝，耐污性一般	
岩板台面搭配陶瓷盆	方便打理，接缝处不好清理	
岩板一体式盆	质感好，直角设计不方便清理	
可丽耐一体台盆	"颜值"高，好打理，价格贵	

（3）设计细节

① 排水方式

排水方式有墙排下水和地排下水，个人更推荐墙排下水，可以搭配壁挂浴室柜。地排下水必须使用落地浴室柜，清理不便。下水弯建议选择后置下水，充分利用柜体空间。地柜最好选择抽屉式，相比柜体式收纳，抽屉式收纳更加便于取用。

●墙排下水设计

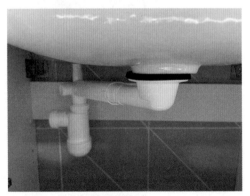

●后置下水，充分利用柜体空间

② 尺寸细节

台盆上沿距地建议为 85 ~ 95 cm，注意使用台上盆时台面可以适当降低，镜柜底边距地建议在 120 cm 左右。深度方面，地柜建议 55 ~ 60 cm 深，镜柜建议 15 ~ 20 cm 深，这样可以兼顾收纳和使用的便利度。

洗漱区宽度小于 60 cm，可以使用转角柜或立式台盆；宽度在 60 cm 以上，可以设计单人浴室柜；宽度在 120 cm 以上，可以设计双台盆或者 1 m 宽的大单盆。

小贴士

镜柜的其他设计细节

镜柜内部层板高度不要一致，最好采用高低错落设计，方便放置不同的物品。此外，镜柜下方还可以预留插座，为电动牙刷、剃须刀以及洁面仪等充电。

●镜柜内部采用错落设计

●镜柜下方预留电源

3 浴缸

（1）浴缸材质

常见浴缸材质对比

材质	特点	图示
亚克力	价格便宜，重量轻，方便打理，造型多样；使用时可能会产生划痕，如果质量不好，还可能变色	
铸铁	整体较重，质感好，多为独立式浴缸	
人造石	质感好，造型多变，耐污，耐高温	

（2）浴缸类型

浴缸分为独立式、嵌入式和靠墙式，独立式浴缸"颜值"高，嵌入式浴缸省空间，靠墙式浴缸成本低。

独立式浴缸通常不靠墙放置，可以突出浴缸本身的造型，需要较大的空间，比较难打理。嵌入式浴缸是用瓷砖或其他材质进行包裹的无裙边设计，没有卫生死角，适合紧凑型卫生间。靠墙式浴缸通常为单边靠墙或双边靠墙设计，比较节省空间。因为有裙边设计，所以不必再额外砌筑包裹，可以节省施工费用。

●独立式浴缸

（3）尺寸选择

　　一般来说，长度在 1.2 m 以下的浴缸属于坐式浴缸，这类浴缸较深，可以达到60 ~ 75 cm，泡澡时人是以坐姿浸入水中。常规浴缸的长度在 1.2 ~ 1.7 m 之间，深度为 55 cm，可以直接平躺浸入水中。1.7 m长以上往往是非标浴缸，可以满足两个人的沐浴需求。

●坐式浴缸，深度较深

●标准浴缸，长度在 1.2 ~ 1.7 m 之间

（4）选购要点

① 下水设计

　　入门款浴缸是排水管直接插进地漏或下水管道，容易反味，水流过快时还可能返水。中高端款浴缸有专用的下水件，在瓦工阶段就需要提前预埋。

●预埋下水件

② 尺寸细节

　　不仅要关注空间面积，还要注意卫生间门的宽度，以防出现浴缸进不去的尴尬情况。浴缸内部的弧度会影响后期使用的舒适度，因此，如果有条件，可以去门店试躺一下，有些浴缸还可以直接选择有同款浴缸的酒店去试用。

●确保浴缸能被推进卫生间

●浴缸内部弧度合适

4 灯暖浴霸和风暖浴霸

（1）浴霸的种类

除了地暖和暖气，卫生间的取暖设备还有灯暖浴霸和风暖浴霸。建议选用风暖浴霸。

灯暖浴霸和风暖浴霸对比

类型	优点	缺点	图示
灯暖浴霸	价格便宜，即开即热，无噪声	受热不均，亮度太高，对眼睛不友好	
风暖浴霸	受热均匀，舒适度高，能集成吹风、换气等功能	升温速度略慢，有一定的噪声	

（2）风暖浴霸的选购重点

首先看功率，想让加热速度快，暖风机的功率至少要达到 2000 W。其次看出风方式，基础款的是固定风口，中端的会增加摆风功能，高端的会采用出风更均匀的环形送风。最后是附加功能，比如换气、出风、除湿等，一般中端的风暖浴霸都会具备。高端的还会增加除异味、除菌等功能，相当于一个小型空气消毒机。

（3）浴霸的安装要点

① 安装位置

灯暖浴霸要安装在洗澡时人体上方，只

有照到身体上才能让人感到暖和。风暖浴霸不能直吹人体，因此要装在空气连通的相邻空间，或者避开身体的正上方。

●风暖浴霸要避开人体正上方

② 安装止逆阀

安装烟管时一定要装止逆阀，否则容易反味。

③ 确认吊顶类型和尺寸

部分浴霸对吊顶款式有要求，因此在吊顶前最好定下款式和尺寸，方便木工师傅开孔或预留铝扣板。

小专栏

玻璃胶的选购要点

玻璃胶是一种专业的收边胶粘剂，具有密封防水的效果，也是装修中用量最大、用途最广的辅料之一。直接用师傅自带的玻璃胶，容易发霉、变黄，还可能不环保，因此有必要了解玻璃胶的选购要点。

◎ 玻璃胶的使用场景

玻璃胶最常见的使用场景是卫生间坐便器、台盆、淋浴房和浴缸的封边，这里也是最容易变黄的地方。其次多用在橱柜台面与水槽的衔接处，以及推拉门和玻璃隔断上。此外，踢脚线、木质门套、窗套以及窗户封边等处也会用到玻璃胶。

●在台面和柜体之间打玻璃胶

◎ 玻璃胶的分类

性能上，玻璃胶分酸性和中性。酸性玻璃胶固化时间短（2 小时表面就能干燥，24 小时可以彻底固化）、黏性强，但有刺鼻性气味，还有一定的腐蚀性。中性玻璃胶虽然固化速度慢一些（4 小时表面才能干燥，48 小时可以彻底固化），但味道小，没有腐蚀性，因此推荐使用中性玻璃胶。

●各种玻璃胶

◎ 颜色选择

玻璃胶常见的颜色有透明和瓷白两种，除了在白色位置上建议使用瓷白玻璃胶外，其他地方都建议使用透明玻璃胶。也有其他颜色可以选择，但请谨慎选用，不要让玻璃胶的存在感太强。

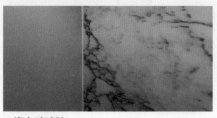
●瓷白玻璃胶

▶ 第8章

灯具设计、安装与智能家居设计

第 1 节　灯具设计与安装

第 2 节　智能家居设计入门

灯具设计与安装

1 照明设计的基础知识

想正确选购灯具，首先要了解照明的基础参数，如果连基础参数都不了解，那么设计出的灯光肯定是不合理的。

（1）色温

色温是灯光颜色的感知温度，色温的数值越低，灯光给人的感觉越暖。我们通常说的暖色、中性色和冷色分别对应 3000 K、4000 K、5000 K 的色温。建议全屋的灯光色温统一按照 3000 ~ 4000 K 预留。

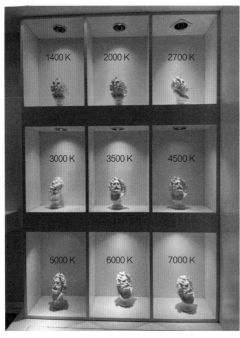

●不同色温的对比

（2）显色指数

显色指数（R_a）主要影响灯光照射到的物体后色彩显示的真实性，其数值越高越好。一般来说 $R_a \geq 90$ 的灯光足够满足家用需求。焦点照明、餐桌等区域要求 $R_a \geq 95$，博物馆的灯光要求 $R_a \geq 97$。

●不同显色效果对比

小贴士

尽量选择同一品牌的灯具

不同品牌的灯具即使是色温完全相同，也会存在一定的色差。为了保证全屋的灯光色温更加统一，建议尽量选择同一品牌的灯具。

●各种色温混合

（3）光束角

光束角是光线的发散角度，射灯一般有15°、24°和36°三种，基础照明可以选36°，重点照明选24°，15°主要用于突出小型装饰物。筒灯光束角一般在60°~120°之间，防眩效果没有射灯好，但是照射面积大。

● 15°、24°、36°和60°光束角对比

（4）光通量

光通量是指光源所发出的光量，是衡量光源整体亮度的指标，单位是流明（lm）。通过瓦数来判断光源发出的亮度其实并不精准，更准确的是光通量数值，中高端灯具上都会标注。如果没有标注，则可以按照"灯具瓦数×70"来计算光通量。

●标注了瓦数和光通量的灯具

（5）灯具数量计算公式

计算房间内所需灯具数量可以套用如下公式，也可以直接按照"4.8×面积/灯具瓦数"来计算（平均照度默认为100 lx）：

$$灯具数量 = \frac{平均照度 \times 面积}{单个灯具的光通量 \times 空间利用系数 \times 维护系数}$$

注：

空间利用系数：家装筒射灯可以取0.6。

维护系数：一般家居空间取0.5。

灯具光通量：瓦数 × 光效（普通灯具的发光效率在60~80 lm/W）。

平均照度：一般活动照度标准为150 lx，书写、阅读需要300 lx，实际可微调。

（6）其他照明术语

照明术语

名词	解释
照度	单位面积所接收到的光通量。照度太低，容易引起眼睛疲劳；照度太高，则会过于明亮刺眼。一般客厅活动照度的标准为150 lx，书写、阅读需要300 lx
发光效率	灯具的发光效率，普通节能灯的发光效率在60~80 lm/W之间，高品质节能灯的发光效率在90 lm/W左右
眩光	令人不舒服的光线，视野中存在过亮的物体或者是存在极高的亮度对比，以致引起视觉不适的一种视觉现象

2 灯具类型及选购要点

了解了灯光设计的基础参数后，接下来我简单介绍一下常见灯具的种类、用途及选购要点。

灯具用途及选购要点

灯具类型	包含产品	用途	选购要点	图示
射灯	嵌入射灯 预埋射灯 明装射灯 轨道射灯	既可以做基础照明，又能作为重点照明	选择带防眩功能的射灯（灯杯较深），实现见光不见灯的效果	
筒灯	嵌入筒灯 明装筒灯 防水筒灯	多用作基础照明，可以当成小吸顶灯	光束角在60°～120°之间，超过90°不能靠墙安装	
灯带	隐藏灯带	增加室内亮度，或作为大面积擦亮的氛围灯	选择低压灯带，无频闪使用更安全，或选每米有120颗灯珠的灯带、COB灯带，确保发光均匀	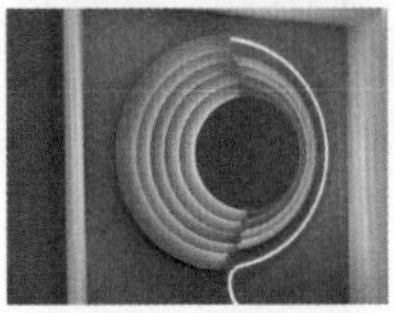
线形灯	明装型材	灯带配合型材，通过明装方式营造科技感，多用于商业空间	有阴阳角线形灯、平面线形灯、弧面线形灯等，需提前预埋型材	
柜内灯具	柜内各类照明灯具	方便寻找物品，也能提升空间的高级感	柜体类灯靠外向内照射，抽屉类灯靠外向外照射，展示类灯靠内上下照射，	
吊灯	长条吊灯 单体吊灯 床头吊灯 组合吊灯	造型灯具，无论传统设计还是无主灯设计，都能成为空间的点睛之笔	不同材质和工艺带来的质感完全不同，尽量去现场感受，并明确安装高度	
氛围灯	落地灯 壁灯 转角灯	提升氛围感和进行补充照明，让平淡无奇的空间焕然一新	灯光向上打亮天花板，向下补充照明，或单纯用来提升氛围	
吸顶灯	吸顶灯 造型主灯	一盏吸顶灯或造型主灯照亮全屋，只能保证基础照明	想要效果好，需要借用落地灯等进行补充照明	

小专栏

磁吸轨道灯的选购要点

一提到无主灯设计，大家就会联想到磁吸轨道灯。其实磁吸轨道只是灯具的供电方式之一，轨道上可以随心放置射灯、格栅灯、泛光灯等灯具，后期灯具的种类和安装位置都可以灵活调换。

◎轨道选择

建议选择侧轨设计，通过卡扣来固定灯具，耐久性好，下侧也看不见铜条。铜条尽量选择紫铜扁线，接触面更大、更稳定。

选择壁厚 1.6 mm 及以上的型材，如果型材壁厚太薄，很容易在安装时被吊顶挤压变形，导致灯具无法正常安装。

●左侧为侧轨（铜条在轨道侧面），右侧为正轨（铜条在轨道底部），都为紫铜扁线

◎变压器选择

传统磁吸轨道灯有外接的变压器，需要预留检修口，建议选择变压器可以直接磁吸安装的款式，能即插即用，无须额外预留检修口。

注意不同品牌的磁吸轨道并不通用，因此木工施工前就应确定好所需磁吸轨道灯的品牌并进行预埋。

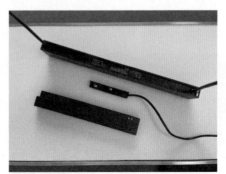

●上侧是外接变压器，下侧为磁吸变压器

3 家居空间的照明设计重点

灯光常见的三种功能是：基础照明、氛围照明和重点照明。进行照明设计时综合参考前面章节中提到的数据，再对应相应的功能，即可轻松搞定全屋灯光设计。

灯光常见的功能

功能	作用
基础照明	主要解决空间的整体亮度，设计原则是光源柔和不刺眼，同时确保空间的基础亮度
氛围照明	利用灯光营造情景氛围，例如展示架、吊顶周围、柜体底部等，建议用色温较低的暖光
重点照明	小范围照亮重点区域，既可以打亮装饰物，也能用于功能性照明；还可以适当提高色温，让自己的精神更加集中

（1）玄关照明

直接用射灯做基础照明，如果有装饰画、全身镜或凳子，也可以增加重点照明。进门处还会设计鞋柜、衣柜，我们可以在柜体内增加照明灯具，方便拿取衣物，同时提升空间的整体感。

● 玄关照明

（2）客厅照明

用射灯或格栅灯打亮电视背景墙，也可以在电视柜中增加氛围灯带。客厅中间可以设计射灯，照亮茶几；沙发侧面千万不要让上方直射灯光，可选择各类轨道灯、明装射灯或吊线灯照亮背景墙，然后通过落地灯满足氛围照明和阅读重点照明需求。当然，提前预留壁灯也能起到同样效果。

● 客厅照明

（3）厨房照明

厨房灯光最重要的就是确保亮度，无阴影。可以设计多个 36° 光束角的防眩射灯，用于基础照明。重点照明可以用 24° 光束角的射灯来打亮台盆区、备菜区，避免操作者挡住台面灯光。还可以在吊柜下方增加灯带进行补充照明。如果没留线，则可以用充电感应灯。

●厨房照明

（4）餐厅照明

餐厅照明的重点是餐桌区，建议直接使用吊灯进行重点照明。如果设计有餐边柜或装饰物，也可以增加部分射灯，作为补充照明。餐厅吊灯不建议挂得太高，悬挂高度距离地面 1.3 ~ 1.6 m 为宜。

●餐厅照明

（5）卧室照明

卧室的灯光设计比较简单，可在床尾设计 2 个 36° 光束角的射灯，作为基础照明。如果卧室面积较大，床尾走道也可以增加射灯进行补充。床头两侧可以设计吊灯或台灯，方便看手机、读书。床头正上方不要设计灯，否则不论躺着还是坐着都刺眼。

●卧室照明

（6）卫生间照明

确保重点区域看清即可。洗漱区，可用 24° 光束角的射灯从顶部照亮浴室柜，背后设计 36° 光束角的射灯打亮背景，浴室柜下方可以加氛围灯。

淋浴区，可在距离顶喷边缘 30 cm 处设计防水筒灯，侧面增加灯带提升氛围。如果有浴缸，则不能在浴缸正上方安装射灯，可以利用灯槽在立面或顶部设计灯带。

可在坐便器侧面、后边设计灯带，在其前方 30 cm 处安装 36° 光束角射灯。

●洗漱区照明

●浴缸区照明

（7）走廊照明

走廊灯光不必太亮，可以在单侧设计灯带，也可以增加几个射灯作为基础照明。如果走廊尽头有装饰画、雕塑、展示架等，则需要增加灯光补充照明。

●走廊照明

（8）阳台照明

阳台的照明设计比较简单，在中间布置 2 盏射灯或一盏吸顶灯即可。有洗衣机的话，也可以在其上方增加一盏射灯进行补充照明。

●阳台照明

（小贴士）

窗帘盒氛围光的设计

窗帘盒氛围光可以使用 6 ～ 12 W 的低压灯带，色温与同空间其他光源保持一致。照亮方式一般有如下四种：顶角平装灯带、顶角灯带 45° 斜射、侧面平装灯带和直接装在下部灯槽。可以根据下图和自家的整体风格自由搭配。

顶角平装灯带	顶角灯带 45° 斜射	侧面平装灯带	装在下部灯槽

●窗帘的出光方式

4 各类灯具的安装要点

（1）嵌入式筒射灯

嵌入式筒射灯的安装十分简单，关键是明确开孔孔径，常见的开孔孔径有 55 mm 和 75 mm。注意：如果筒射灯开孔前油工已经结束，则必须使用吸铁石测试并寻找龙骨位置，防止打孔时把龙骨打断。

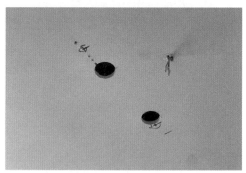
●确认开孔孔径

（2）预埋式筒射灯

预埋式筒射灯分石膏板预埋款和腻子预埋款，通常筒射灯不需要拆卸，选腻子预埋款即可。预埋式筒射灯多了一个沉台，因此要使用双层石膏板或在背板上增加握钉力。油工施工前让电工师傅用专用的开孔器开孔，注意：预埋的底座也要保证水平，并且最高点不突出顶面，最后让油工师傅用腻子找平，涂刷乳胶漆。

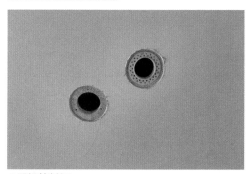
●预埋筒射灯

（3）预埋磁吸轨道灯

与预埋筒射灯不同，磁吸轨道后期可能会移动或更换轨道上的灯，一定要购买石膏板预埋款，从而防止开裂。安装时先用欧松板制作轨道，然后再将石膏板压在轨道的飞边上，这样就不必担心后期轨道开裂。

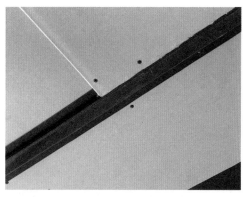
●石膏板预埋款磁吸轨道

（4）灯带安装

灯带一定要装在灯槽中才能保证平直，否则灯光打出来会弯弯曲曲。预算低的可以选 PVC 灯槽，预算高的可以使用铝材灯槽，并借助遮光罩进一步柔和光线。一些特殊型材需要在油工施工前预埋，然后再放置灯带和 PC 光扩散板，粘贴防裂网后刮腻子、刷乳胶漆。

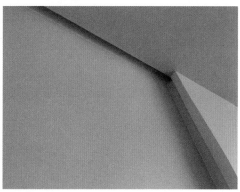
●灯带型材

千万不要将灯带设计在灯槽底部，否则会有明显的灯光分界线。想要让光线实现由亮到暗的效果，可以把灯带和吊顶挡板平行安装，并利用灯槽做 45°照射。但柜下照明不能这样设计，应直接在底面粘贴灯带上下照射；也可装在柜体外，朝内 45°打光，营造悬浮效果。

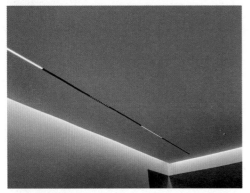
●光线过渡自然

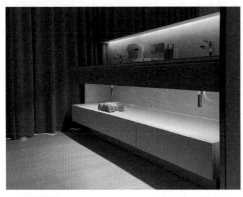
●柜下照明

灯带变压器的设计技巧

可以将灯带变压器设计在中央空调的检修口或定制柜体中，以便日后检修和更换。

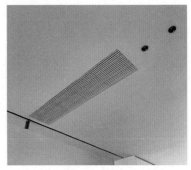
●将变压器隐藏在中央空调的检修口内

（5）吊灯安装

吊灯安装的重点是固定牢固，吊顶时要用膨胀螺栓直接固定到房顶，或者在需要固定吊灯的地方让木工提前进行加固处理。此外，还要注意不同吊灯的安装高度，比如餐厅吊灯要距地 130 ~ 160 cm，床头吊灯距地 100 ~ 130 cm。

第 2 节

智能家居设计入门

1 智能品牌的选择

如果你想实现全屋智能，首先要选择好智能产品。如果你预算比较高，那么可以选择有线智能产品；如果你是愿意接受新事物并且希望家中设备可以不断迭代的年轻人，我更建议使用无线智能设备。个人觉得对于智能家居，单个硬件产品对整体使用感受的影响并不大，因为智能家居的核心功能就是联动。单一电器再高级，如果无法实现联动，对整个家中的智能场景搭建来说也意义不大。

（1）小米生态链、Homekit、涂鸦智能（开放式）

目前入门难度最低的是小米智能家居，它最大的优势是生态链产品多，同类产品有多个品牌可以选择，而且产品都可以接入米家 APP 来进行操作。

选择小米智能家居并不是说全屋都买小米产品，而是选择支持米家 APP 的小米生态链产品，例如 Yeelight、Aqara 等都是小米生态链中基础智能的重要品牌。但不能说它们就是小米智能，因为苹果公司的 Homekit 也同样支持接入。

● 米家等 APP 图标

（2）欧瑞博、华为、摩根（半开放式）

如果你不是特别在意系统的开放性，那么欧瑞博是个不错的选择。我家全屋智能就使用了欧瑞博全屋智能。首先，在基础传感器方面，它能完全满足我对联动的需求；其次，屏幕和开关款式很多，"颜值"高；最后，大品牌的大电器很多都可以通过协议接入欧瑞博智能家居，算是半开放式的智能家居。

除此之外，还有华为目前主推的有线智能，相对来说，大户型（建筑面积大于 300 m²）有线智能的稳定性和响应速度比无线智能更快。但目前来看，其产品线不是很全，而且价格也不低。

● 欧瑞博等 APP 图标

（3）美的、海尔（大家电）

除了以上常见的智能家居品牌，一些传统大家电品牌也开始涉足智能领域，比如美的的"美居"和海尔的"三翼鸟"，两个品牌的智能家居我也都完整体验过。它们的单一产品都还不错，尤其是大家电，有其他智能品牌无法比拟的优势，但联动部分有待提高。期待这些大品牌的后期表现。

●美的美居等 APP 图标

2　智能家居的前期预留

智能家居设计最关键的是前期预留，个人觉得无线智能家居设备足以满足建筑面积在 300 m² 以下的户型需求，而且后期升级的灵活性也更大。无线智能家居设备的前期预留并不复杂，无论何种品牌，做到以下五点即可：一是开关预留零火双线，二是不要设计双控开关，三是灯光正确分路，四是巧妙隐藏变压器，五是明确各类特殊需求。

智能家居的前期预留要点

项目	详解
开关预留零火双线	零火双线版开关更稳定、更便宜
	有零火双线也能随时替换为中控面板
不要设计双控开关	传统双控布线会导致智能开关掉线
	可以用智能开关实现多控
灯光正确分路	单个开关不要超过三路灯
	智能灯和非智能灯不要设计在一路
巧妙隐藏变压器	智能筒射灯预留足够层高，隐藏变压器
	将灯带变压器藏在空调检修口，同时预留三芯线
明确各类特殊需求	窗帘盒单轨宽 10 cm，双轨宽 20 cm，L 形轨道额外增加 10 cm 宽
	是否使用存在传感器、摄像头、智能窗帘等长供电设备
	确认中央空调能否通过控制器直接接入智能系统

（1）开关预留零火双线

智能控制灯光有两类方式：一是用智能开关控制非智能灯，另一类是直接使用智能灯。无论何种方式，智能开关都分为单火线和零火双线，其中零火双线比单火线更稳定和便宜。如果你想用更炫酷的智能中控面板来代替开关，则必须预留零火双线。

即使你犹豫是否选用智能产品，前期也可以在开关中多装根零线，这样不会增加太多成本，后期也不影响使用普通开关。

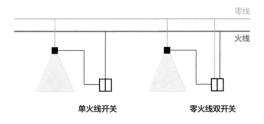

●单火线开关和零火双线开关示意图

（2）不要设计双控开关

双控是一盏灯能被多个开关控制，例如卧室灯可以同时被门口和床头的开关控制。而一个开关能控制多组灯叫多开，例如客厅开关可以控制客厅筒灯、主灯以及灯带三组灯，就叫三开。传统的双控布线会导致只能开关掉线，建议用智能开关实现多控。

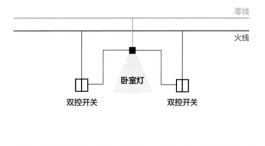

●双控开关示意图

如果你家是精装修的，也不用担心，下面这张图既包含了单火线开关的接线示意图，也有双控开关改线的示意图。

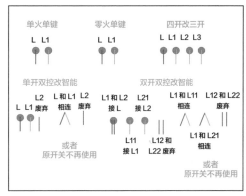

●智能开关接线示意图

（3）灯光正确分路

如果是智能开关控制普通灯，则建议单个底盒内不要超过 3 路灯。如果都是智能灯甚至不用布置开关，或者灯路不接开关保持长供电。如果智能灯和非智能灯都有，那么一定要分路，否则在给非智能灯断电时，智能灯会同时离线。

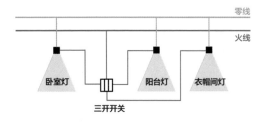

●三开开关示意图

（4）巧妙隐藏变压器

智能筒射灯的变压器一般要大于普通灯，如果选择了预埋款，一定要保证吊顶厚度足

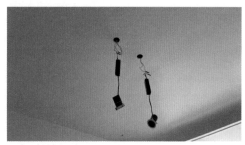

●智能射灯变压器

够塞入变压器。灯带变压器通常隐藏在检修口内，只是控制灯光开关甩两根线即可，但想调整亮度和色温就需要预埋三芯线，如果变压器和灯带品牌不同，则需要预留四芯线。

（5）明确各类特殊需求

智能家居中的各类基础传感器、门锁以及无线开关大都不需要接电，定期更换电池即可，但智能窗帘、摄像头、网关等都有传感器，仍需预留插座。还要注意电动窗帘盒的尺寸，单轨需要预留 10 cm 宽，双轨需要预留 20 cm 宽，如果是 L 形轨道最好再增加 10 cm 宽。

●智能窗帘盒

3 全屋智能常见设备介绍

很多业主对全屋智能的理解仅限于语音开关灯或智能屏幕操控，其实合理利用各类配件来实现智能联动，才是搭建全屋智能的关键。本节重点介绍全屋智能中最常见的配件及其应用方式。

（1）网关

无线智能家居的核心是网关，一般来说有蓝牙网关、Zigbee 网关和 WiFi 网关三种。为了美观，现在大多数网关都已经集成到智能音响或屏幕内部，而单体大电器不需要网关，直接通过 WiFi 连入相关 APP 进行控制。

●带网关的智能屏

开关，无法改变灯光的亮度和色温。因此，想精细化控制灯光，还需要购买智能灯。

●智能开关

（2）智能音响

智能音响是很多业主接触全屋智能的第一件设备，通过智能音响可以语音控制灯具、窗帘以及其他连入系统的设备，还能获得天气播报、听歌等需求的应答。但智能音响和手机、屏幕一样，只是全屋智能的操控方式，想要实现无感化联动，还需要各种配件的合理设计。

除了有线智能开关，还有无线智能开关——依靠纽扣电池供电，无须接线，能随意放置。还可以把有线开关转为无线模式来使用，这样就不用更换电池了。总之，智能开关的使用十分灵活，千万不要只局限于灯光的开关。

●壁挂智能音响

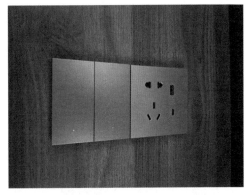
●无线开关

（3）智能开关

想要把全屋普通灯光都接入智能系统，最简单的方式就是更换智能开关，通过智能开关把灯光接入智能系统，实现语音、远程以及联动开关灯。但智能开关仅能控制灯的

（4）智能屏幕

基础智能屏幕是把开关换成一个平板，然后把手机上的操作界面挪到屏幕上。新款智能屏幕会集合网关、音响以及红外遥控等功能，设计更简约，充满高级感。但在联动

功能方面的变化不大，因此仅需把关键点换成智能屏幕即可，没必要把所有开关都换成智能屏幕。

● MixPad X 智能屏

（5）窗帘电机

把窗帘接入智能系统最方便的方式就是更换智能窗帘电机，从而控制窗帘的开合，以及格栅窗帘的旋转角度。最好提前预留插座，以免后期频繁充电。如果没有预留电源，也可以购买锂电池款，正常使用半年充一次电。

●窗帘电机

（6）人体传感器

人体传感器是应用范围最广的传感器，基础款只能感应到人体移动，从而联动其他智能设备。我在走廊设计了人体传感器，有人移动自动开灯，延时 2 分钟后自动关灯。但人如果一直不动，则传感器是感应不到的。例如上厕所久了或泡澡时动作不大时，灯就会自动关闭。因此，我在卫生间使用了存在传感器，这样无论是否移动，它都能判定我在不在，不必担心上厕所或洗澡时突然黑灯。

●人体传感器

小贴士

存在传感器需提前布线

存在传感器必须提前布线，纽扣电池的电量无法支撑其长期使用。人体传感器则可以通过纽扣电池供电。

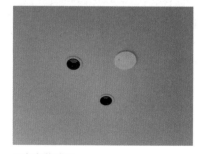

●存在传感器

（7）门窗传感器

门窗传感器可以感应门窗的开启和关闭，也可以安装在抽屉、坐便器等处来判断当前设备的状态。比如坐便器、淋浴未分区的卫生间，就可以通过坐便器盖上的门窗传感器来判断业主是在上厕所还是在洗澡。

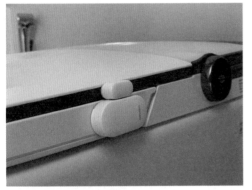
●坐便器盖上的门窗传感器

（8）温湿度传感器

温湿度传感器可以感应室内温度和湿度，从而联动加湿器、风扇、空调等电器的自动开关。我家次卫使用了温湿度传感器，能让智能浴霸自主判断是开启暖风还是吹风功能。也可以购买更高级的空气检测仪，除了温湿度，它还能检测 $PM_{2.5}$、总挥发性有机化合物（TVOC）等数据，从而联动新风系统、空气净化器等产品。

●温湿度传感器

（9）各类报警器

水浸传感器、烟雾传感器、可燃气体传感器都可以归为一类，当发生报警时会第一时间发送通知到手机和家中的屏幕上，并进行相关设备的智能联动。我家水浸传感器在报警后，电子水阀会自动关闭总水阀，第一时间向我的手机和屏幕报警。

●各类报警器

（10）非智能产品接入配件

把非智能产品接入智能家居最简单的方式是通过智能插座直接控制各类电器的通断电。各类第三方的卷帘、推窗器、幕布、卷闸门，则可以通过多功能控制盒接入智能系统。传感器接入盒可以把传统有线传感器接入到智能家居中，从而增加智能家居传感器种类。

●智能插座和多功能控制盒

4 智能联动入门

（1）灯光的初步接入

智能家居中的灯光控制主要分两大类：智能开关控制非智能灯和直接使用智能灯。两种方式优缺点对比如下。

两种智能灯光对比

灯光接入方式	智能开关搭配非智能灯	直接使用智能灯
优点	可以灵活选择灯具，改造成本、难度都比较低，仅需更换开关	精细化调整灯具的色温和亮度，每个灯都可以单独控制开关和亮度，让场景更加多变
缺点	只能控制灯光的开启或关闭，无法改变灯光的色温和亮度	整体造价高，款式和造型方面没有传统灯具多样

（2）如何接入智能系统？

除大电器是通过WiFi接入智能家居外，开关、插座和各类传感器都要通过 Zigbee 或蓝牙网关来接入智能家居。我家的屏幕就集成了网关功能，第一步需要把所有屏幕都接入 APP 中，并按照户型把各个房间的名称都编辑好，以便后续就近添加设备。

第二步用快速接入功能把大部分设备都接进去，再用手动连接方式查漏补缺，将没有搜索到的开关或灯具接入智能系统。如果全屋都使用了智能灯，那么数量会很庞大，可以通过寻找功能找智能灯，并进行备注和编组。例如我把主卧灯编成 5 组，不包括灯带和床头吊灯。

MixPad S 走廊
餐厅 ✓

MixPad Mini 厨房窗台
餐厅

MixPad X 客厅
客厅

MixPad S 主卫
主卫

MixPad Mini 主卧床头
主卧

MixPad Mini 书房
书房

MixPad Mini 儿童房床下柜内
儿童房

MixPad Defy 上部床头

● 欧瑞博 MixPad 接入

● 智能灯光的接入

第三步把平常没接电源的各类传感器通过网关接入系统。因为这些设备不像灯光可以闪烁，批量接入后很难快速找到。做完这三步后，全屋的屏幕、开关、灯光、窗帘以及各类传感器都接入智能系统了。

	主卫存在传感器 主卫	18:11 无人
	马桶区人体传感器 主卫	18:06 有人经过
	湿区人体传感器 主卫	18:06 有人经过
	阳台水浸传感器 主卧	正常
	洗衣机水浸 主卫	正常
	厨房水槽，水浸探测器 餐厅	正常
	马桶盖 书房	昨天 13:40 关闭
	水电井水浸探测器 电梯厅	正常

● 其他传感器接入

（3）智能联动设计

米家中基础的联动是通过"如果"和"就执行"命令来实现的，前者是触发条件，后者是命令的执行。小米智能家居中的"如果"命令有"如果单一满足时""如果同时满足时"和"如果任一满足时"三种。"就执行"命令有五种：执行某条智能（手动智能）、开关某条智能（自动智能）、向手机发送通知、延时和控制智能设备。

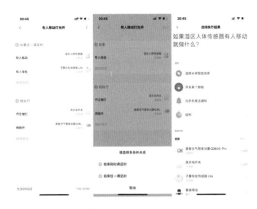

● 小米智能系统界面

虽然通过"如果"和"就执行"命令能实现各种联动，但比较难理解，开启小米实验室后，智能联动的设置会更简单。触发命令改为了"当任一触发"和"且满足全部状态"并列的两种，"就执行"命令和之前区别不大。

● 小米实验室智能系统界面

欧瑞博的智能联动设计和小米实验室很像，在最底部还增加了测试自动化按键，设置好后可以马上测试。设置时首先点击按键，然后选择所需条件。这时候就可以选择需要执行的动作，你也可以继续增加条件或需要执行的任务，还能选择生效的时间段。

5 智能场景的搭建

之所以要搭建智能场景，是为了实现无感化智能联动。优秀的智能家居并不是单纯地进行语音操控或拿出手机点来点去，而是通过各类传感器的联动来准确判断你当前的行为，并自动智能联动，从而自动满足业主的需求。

（1）离家、回家模式

离家、回家模式的设计重点首先是利用启动 / 禁用自动化来避免第二个人回家时重复执行回家模式。其次设定白天和晚上两种不同的回家模式，至于亮哪些灯、音响语音的播放内容、环境温度的设定等，均可随意调整。最后，如果你的门锁和智能家居无法联动，还可以使用开关，通过按键方式来判断回家和离家模式，或通过 MixPad 语音控制。

离家、回家模式

自动化场景	首先	然后	就执行			生效时间段
	满足以下任意条件	满足以下所有条件	具体指令	动作	延时	
夜晚回家模式	指定指纹开锁（按键方式或语音控制）	—	回家温馨（灯光场景）	启动	立即	17:00—第二天06:00
			客厅布帘	关		
			温湿度自动化	开启		
			安防	撤防		
			向手机发送通知	×× 已到家	延时 5 s	
			客厅 MixPad	语音播报音乐播放	延时 5 s	
			白天回家模式	禁用	延时 10 s	
			夜晚回家模式	禁用	延时 10 s	

自动化场景	首先	然后	就执行			生效时间段
	满足以下任意条件	满足以下所有条件	具体指令	动作	延时	
白天回家模式	指定指纹开锁（按键方式或语音控制）	—	客厅纱帘	关	立即	6:00—17:00
			温湿度自动化	开启		
			安防	撤防		
			向手机发送通知	×× 已到家	延时 5 s	
			客厅 MixPad	语音播报音乐播放	延时 5 s	
			白天回家模式	禁用	延时 10 s	
			夜晚回家模式	禁用	延时 10 s	
离家模式	上提门把手（布防模式或按键方式或语音控制）	—	全屋灯光关闭	启动	立即	全天
			客厅布帘、纱帘	开		
			温湿度自动化	关闭		
			室内各类电器	关闭		
			安防	外出布防		
			向手机发送通知	家中已无人	延时 5 s	
			白天回家模式	启用	延时 10 s	
			夜晚回家模式	启用	延时 10 s	

（2）观影模式

观影时需要关闭窗帘、灯，降下幕布，打开投影仪和播放器，正常执行有很多步骤，现在我们仅需设置一条观影场景就把以上操作都编辑进去。窗帘、灯光接入的关键是把投影仪、幕布、播放器和投影升降架接入智能，可以借助欧瑞博控制器，通过红外或射频方式接入。开启"观影模式"不仅能依靠语音来实现，也可以通过手机或开关按键等方式来实现。

观影模式

自动化场景	首先 满足以下任意条件	然后 满足以下所有条件	就执行 具体指令	动作	延时	生效时间段
观影场景	语音控制"我要看电影"（开关按键方式）	—	幕布升降架	下降	立即	全天
			投影仪升降架	下降	立即	
			客厅布帘	关	2 s	
			观影模式（灯光场景）	启动	2 s	
			播放器	开机	2 s	
			投影仪	开机	5 s	
关闭投影	语音控制"关闭投影"（开关按键方式）	—	播放器	关机	立即	全天
			投影仪	关机	立即	
			幕布升降架	上升	1 s	
			投影仪升降架	上升	1 s	
			回家温馨（灯光场景）	启动	3 s	17:00—第二天06:00
			客厅布帘	开	5 s	
			客厅纱帘	关	5 s	
			客厅布帘	开	1 s	6:00—17:00
			客厅纱帘	关	1 s	
			全屋灯光关闭	启动	10 s	

（3）卫生间智能控制

我家卫生间的智能系统主要分灯光、环境和安防三部分，利用门窗传感器、存在传感器和温湿度传感器实现无感化智能联动。灯光部分主要依靠存在传感器，感应到有人移动后自动开启灯光，2 分钟后无人移动自动关灯。

可在坐便器盖上安装门窗传感器，坐便器盖打开后自动开启排风。温湿度传感器感应到相对湿度大于 70%，浴霸就自动开启除湿功能。洗澡时可以设置同时满足感应到人移动，并且卫生间门关闭来判断有人在洗澡。再利用温湿度传感器判断温度，从而自动开启暖风或吹风。

如果你喜欢泡澡，还可以在浴缸中放入水浸传感器，水到达一定高度后让全屋智能音响播放音乐，提醒你去关水，并把浴室灯光调整到舒适的色温和亮度。

卫生间智能模式

自动化场景	首先 满足以下任意条件	然后 满足以下所有条件	就执行 具体指令	动作	延时	生效时间段
自动开灯	主卫人体传感器感应到有人移动	—	卫生间灯光场景	开启	立即	17:00—第二天06:00
	淋浴区人体传感器感应到有人移动	—	淋浴间灯光	色温 3800 K，开启 80% 亮度	立即	
	坐便器区人体传感器感应到有人移动	—	坐便器灯光	色温 3800 K，开启 60% 亮度	立即	
自动换气	坐便器盖门窗传感器开启	—	浴霸 / 排风扇	开启换气	立即	全天
自动开启暖风	人体传感器感应到有人移动	温湿度传感器感应到温度低于 23℃	浴霸	开启暖风	立即	
		坐便器盖门窗传感器关闭				
自动吹风	人体传感器感应到有人移动	温湿度传感器感应到温度高于 28℃	浴霸	开启吹风	立即	
		坐便器盖门窗传感器关闭				
自动干燥	主卫人体传感器持续 2 分钟未感应到有人移动	温湿度传感器感应到相对湿度大于 70%	浴霸	开启干燥	立即	
浴缸场景	浴缸报警器水浸报警	—	客厅 MixPad	语音播报，音乐播放	立即	
			电子水阀（分水阀）	关闭	立即	
安防场景	其他水浸传感器报警	—	电子水阀（总水阀）	关闭	立即	
全部关闭	主卫人体传感器持续 2 分钟未感应到有人移动	淋浴区人体传感器持续 2 分钟未感应到人体移动	卫生间全关（灯光场景）	开启	立即	
		坐便器区人体传感器持续 2 分钟未感应到人体移动	浴霸 / 排风扇	关闭		

（4）以灯光为主的智能场景

① 灯光场景设计

使用无主灯后，还依靠传统方式控制灯光开关和关闭，不仅不方便，还很容易搞混。

我们可以把灯光进行编组，提前设计几个灯光场景，每个场景中包含多个灯光开启或关闭的操控，还能直接改变亮度和色温，仅需一键就能让所有灯光配合，营造出我们所需的灯光场景。

灯光场景设计

场景名称	执行任务	动作	延时
回家温馨	客厅走廊灯带	色温 3800 K，开启 50% 亮度	立即
	客厅沙发轨道灯	色温 3800 K，开启 50% 亮度	立即
	客厅电视轨道灯	色温 3800 K，开启 50% 亮度	立即
	客厅茶几灯	色温 3800 K，开启 50% 亮度	立即
	餐厅台面射灯	色温 3800 K，开启 30% 亮度	立即
	餐厅厨房灯带	色温 3800 K，开启 30% 亮度	立即
	走廊射灯	色温 3800 K，开启 30% 亮度	立即
会客场景	客厅走廊灯带	色温 3800 K，开启 90% 亮度	立即
	客厅沙发轨道灯	色温 3800 K，开启 90% 亮度	立即
	客厅电视轨道灯	色温 3800 K，开启 90% 亮度	立即
	客厅茶几灯	色温 3800 K，开启 90% 亮度	立即
	客厅窗帘灯带	色温 3800 K，开启 50% 亮度	立即
	餐厅台面射灯	色温 3800 K，开启 50% 亮度	立即
	餐厅厨房灯带	色温 3800 K，开启 50% 亮度	立即
	走廊射灯	色温 3800 K，开启 50% 亮度	立即
明亮场景	客厅走廊灯带	色温 5500 K，开启 90% 亮度	立即
	客厅沙发轨道灯	色温 5500 K，开启 90% 亮度	立即
	客厅电视轨道灯	色温 5500 K，开启 90% 亮度	立即
	客厅茶几灯	色温 5500 K，开启 90% 亮度	立即
	客厅窗帘灯带	色温 5500 K，开启 90% 亮度	立即
	餐厅台面射灯	色温 5500 K，开启 50% 亮度	立即
	餐厅厨房灯带	色温 5500 K，开启 50% 亮度	立即
	走廊射灯	色温 5500 K，开启 50% 亮度	立即

场景名称	执行任务	动作	延时
用餐场景	餐厅吧台灯	色温 3800 K，开启 80% 亮度	立即
	餐桌灯（非智能）	开	立即
	厨房全部灯光	色温 3800 K，开启 80% 亮度	立即
	客厅沙发轨道灯	色温 3800 K，开启 30% 亮度	立即
	客厅窗帘灯带	色温 3800 K，开启 30% 亮度	立即
灯光全关	客厅所有灯光	关	立即
	餐厅所有灯光		立即
	主卧所有灯光		立即
	儿童房所有灯光		立即
	书房所有灯光		立即
	主卫所有灯光		立即
	次卫所有灯光		立即

② 夜灯模式设计

起夜时如果没有灯光，会十分危险，灯光太亮又会影响家人的睡眠。我们可以设置在 23 点至第二天 6 点时床下及走廊人体传感器感应到人移动后，通往卫生间一路的灯光都开启 20% 亮度的暖光，在无人状态 2 分钟后自动关闭灯光。

夜灯模式

自动化场景	首先	然后	就执行			生效时间段
	满足以下任意条件	满足以下所有条件	具体指令	动作	延时	
夜灯模式	床下人体传感器感应到有人移动	—	卫生间夜灯场景	开启	立即	23:00—第二天 06:00
	走廊存在传感器感应到有人移动	—	走廊灯光	色温 3800 K，开启 20% 亮度	立即	
	坐便器盖门窗传感器开启	—	床下灯带	色温 3800 K，开启 20% 亮度	立即	
自动关灯	坐便器盖门窗传感器关闭	走廊存在传感器持续 2 分钟未感应到人体移动	卫生间全部关闭	开启	立即	23:00—第二天 06:00
		主卫存在传感器持续 2 分钟未感应到人体移动	走廊灯光	关闭	立即	
		床下人体传感器未感应到人体移动	床下灯带	关闭	立即	

前边提到过智能家居可以取消双控布线，通过传感器联动或语音操控。但部分空间还是建议保留实体按键，既方便老人使用，也能实现快速响应。方法很简单，把开关上的按键和灯组一一对应，屏幕上的组件也可以放置最常用的智能或者灯光开关。

多控开关设计

开关位置	按键位置	按键设置	可控制
主卧门口三开开关	左键	主卧全部射灯	开 / 关
	中间	主卧布帘	开 / 关
	右键	温馨聊天场景	开启
主卧左床头双开开关	左键	主卧全部射灯	开 / 关
	右键	主卧睡眠场景	开启
主卧右床头三开开关	左键	主卧全部射灯	开 / 关
	中间	主卧布帘	开 / 关
	右键	主卧睡眠场景	开启

（5）环境智能场景

如果你更追求舒适度，则温湿度、二氧化碳浓度以及 $PM_{2.5}$ 空气质量指数都可以通过智能联动来实现自动化，仅需把空调、新风系统接入智能系统然后联动相关传感器。冷热水可以通过点动或者定时零冷水实现，用水健康则可通过前置过滤器、软水机和反渗透净水器来实现。这些都属于前期水电设计，目前来说全面接入智能的必要性不大。

环境智能场景

自动化场景	首先	然后	就执行			生效时间段
	满足以下任意条件	满足以下所有条件	具体指令	动作	延时	
自动制冷	温湿度传感器感应到温度大于28℃	—	空调制冷模式	开启	立即	全天
自动制热	温湿度传感器感应到温度小于18℃	—	空调制热模式	开启	立即	全天
自动除湿	温湿度传感器感应到相对湿度大于90%	—	空调除湿模式	开启	立即	全天
自动开启新风系统	二氧化碳质量分数大于 800×10^{-6}		新风系统换气模式	开启	立即	全天

注：执行条件可以设置为有人在家时，或者生活规律可定时开启和关闭。

（6）安防智能场景

安防场景的联动主要依靠各类报警传感器，例如在水槽和洗衣机下增加水浸传感器，漏水时不仅能发起报警，还能联动机械臂或电子水阀关闭水路的总阀。用气用火安全可以利用烟雾传感器和可燃气体传感器来进行预警，在报警的同时关闭燃气阀门。最好同时开启新风系统、换气扇以及厨房窗户，从而快速换气。

防盗需求，可以设置开启离家模式后，摄像头开启警戒模式，并且屋内任意传感器感应到人移动都及时发送通知到手机上。注意水浸传感器、烟雾传感器以及可燃气体传感器是常开预警状态，不论家中是否有人，有报警随时提醒；门窗传感器和摄像头则是在开启离家模式后才进行开启的。

安防智能场景

自动化场景	首先	然后	就执行			生效时间段
	满足以下任意条件	满足以下所有条件	具体指令	动作	延时	
水浸报警	水浸传感器报警	—	向手机发送报警	开启	立即	全天
			MixPad 报警	开启	立即	
			电子水阀	关闭	立即	
燃气、烟雾报警	烟雾传感器报警	—	向手机发送报警	开启	立即	全天
			MixPad 报警	开启	立即	
			排风扇	开启	立即	
	可燃气体传感器报警	—	电动窗户推杆	开窗	立即	
			浴霸换气	开启	立即	
			燃气阀门	关闭	立即	
离家布防	人体传感器感应到有人移动	—	向手机发送报警	开启	立即	全天
	门窗传感器开启		摄像头录像	开启	立即	
	摄像头捕捉到有人移动		MixPad 报警	开启	立即	

小专栏

全屋智能设计进阶技巧

看完以上内容，相信你对智能家居设计有了基本的了解，甚至可以设计出一套适合自己的智能家居。下面是设计时常见的四个问题，能进一步解决大家的困惑。

◎问题 1　智能就是语音操控吗？

当然不是，天天去喊"小欧管家"或"小爱同学"并不是真正的智能，而应巧妙利用传感器来判断当前需求，从而实现无感化智能联动，例如上节提到的卫生间智能模式和夜灯智能模式等。但很多场景无法通过传感器来判断，我们还可以借助语音、屏幕或按键来进行场景的快速调用。

◎问题 2　怎样的设备才进行联动？

只要设备在同一个生态链（能连入同一个APP），一般都可以进行联动。但如果仅支持智能音响语音操控，无法连入对应APP，那基本是无法进行联动的。对于非智能电器，我们可以用万能遥控器的红外或者射频功能来控制，也可以用智能插座对电器进行通断电。

所谓的封闭智能生态系统只是智能类配件不与其他品牌联动，但大电器方面也会与很多品牌合作，毕竟没有哪个品牌敢说自己擅长所有家电产品。

◎问题 3　什么是 Matter 协议？

智能家居目前最大的问题在于不同生态间很难联动，在你选择好智能生态后，后期家中智能的扩展性和升级性都要看所选生态的发展状态。Matter 协议是苹果、亚马逊和谷歌三家公司联合发起并制定的标准，欧瑞博、Aqara、华为等生态也都宣布接入 Matter 协议，因此后期有可能打通生态壁垒。这样做最大的好处是所有品牌的产品都可以使用一个 APP 来控制并进行联动，让我们在选择智能产品时不必再纠结于生态，而是取长补短地用多个品牌来打造全屋智能。

家中智能产品是 Zigbee 或蓝牙协议的业主也不必担心，只要是大品牌，后期都有可能通过网关来桥接到 Matter 协议中，从而实现智能联动。

◎问题 4　智能家居对网络的要求高吗？断网怎么办？

智能家居对网速要求不高，常规的有线Mesh 组网就足够了，但对网络的稳定性和覆盖性要求较高。目前大多数智能家居产品都能实现本地联动，也就是说断网不影响联动的正常执行，只是无法远程操控而已。

▶ 第9章

定制家具的选材、
设计与安装

定制家具的材料选择

近年来，定制家具（全屋定制）占装修预算的大头，很有可能仅定制家具一项的费用就超过了整个清包、辅料的费用。定制家具对环保、家居风格以及使用便利度也有很大影响。因此，本章重点讲解定制家具的材质、五金、设计、安装等要点。

1 基层材质

定制家具中无论柜体还是柜门，决定其环保性能和物料指标的都是基材，也就是我们常说的板材。

（1）环保性

目前，国标等级分 E_1 级、E_0 级和 E_{NF} 级等，其中 E_1 级是我国强制执行的环保标准线，E_0 级是目前中高端品牌主推的环保等级，2021 年新增的 E_{NF} 级单从限值来看是全球最严格的认证标准。

室内用人造板及其制品甲醛释放量分级

甲醛释放限量等级	限量值
E_1 级	≤ 0.124 mg/m³
E_0 级	≤ 0.05 mg/m³
E_{NF} 级	≤ 0.025 mg/m³

除了明确标准，也要问清是素板检测，还是贴面后精板检测。有些厂家为了节约成本，采购的素板环保达标了，但贴面封边后可能就不达标。大可不必为了环保去买进口品牌的板材，进口品牌的最大优点在于花色，而不是环保性。

●进口爱格板

小贴士

关于甲醛含量的检测方法

我国的 E_{NF} 级（甲醛释放限量值不大于 0.025 mg/m³）采用的是气候箱法，单位是 mg/m³；日本的 F★★★★级（甲醛释放限量值不大于 0.3 mg/L）采用的是干燥器法，单位是 mg/L。两者单位不同，检测方式也不同，因此不能做简单的数字对比。

（2）物理指标

除了环保性，板材的物理性能也很重要。首先是含水率，含水率过高，板材容易变形，含水率太低，板材容易开裂；吸水膨胀率也很重要，数值越大，防潮能力越差。其次是静曲强度——板材的承重能力。最后是握钉力，握钉力越强，安装铰链和五金时越稳固。

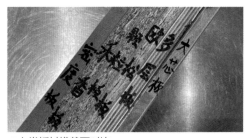

●六类板材横截面对比

（3）板材种类

一般来说，板材材质有密度板、颗粒板、禾香板、多层板、欧松板和生态板这六大类。

（4）表面处理工艺

柜体选择主要看基材，表面处理工艺基本都是双饰面，柜门是"颜值"担当，因此选购时主要看表面处理工艺。

●六类板材旋切面对比，上排从左到右依次为：密度板、禾香板、颗粒板；下排从左到右依次为：欧松板、多层板、生态板

板材材质对比

板材种类	制作方式	应用场景	优点	缺点
密度板	由木材纤维加胶水压合而成，木纤维是木材依靠机器揉搓而成的纤维	多作为柜门材质	稳定性高，不易变形，表面平整度高，还可以做雕花	防潮性和握钉力比颗粒板差
颗粒板	中间的芯材是较长的木纤维，四周的颗粒由木材或木杆打碎，两侧是更细的颗粒	柜体和柜门都会使用	性能稳定，成本可控，普及度高，环保	防潮性主要看封边工艺，假货和低端产品较多
禾香板	采用MDI胶，颗粒物以农作物的秸秆为主，属于颗粒板的一种	柜门和柜体都会使用，柜体更多	理论上环保性更好，最终看环保等级	防潮性一般，成品板材的质量参差不齐
多层板	也叫实木多层板，由多层较薄的实木板贴合而成	多用在浴室柜上	相比颗粒板来说，防潮性更好	品质不稳定，甚至没有环保等级
欧松板	制作方式和颗粒板类似，区别是颗粒板是小刨花，而欧松板是由大刨花压合而成	之前多用于背景墙打底或轨道槽，现在也可用在定制柜中	稳定性强，握钉力强，防潮性能佳，环保性能良好	价格比颗粒板高，纹路真实性略差
生态板	也叫大芯板，板材中心由一块块实木方组成，两侧是多层板贴面	定制柜中应用不多，木工使用多	理论上来说更环保	变形概率大，握钉力差

表面处理工艺对比

柜门材质	简介	选购建议	优点	缺点	图示
双饰面板	用三聚氰胺浸渍纸贴面，纹路的真实性取决于饰面纸	柜体选国产，性价比高，柜门用进口，纹理真实	耐磨，耐划痕，耐腐蚀，花色多样	无法定制颜色，表面不能做造型	
PET贴面	表面使用PET膜（涤纶树脂）覆盖，有肤感亚光和高光两种质感	色彩饱和度低，适合极简风	表面不容易出现刮痕，质感高级	价格较高，无法做造型，不耐污	
烤漆门板	在密度板表面喷漆，有各种颜色	光泽度和造型可任选，能搭配各种风格	可做造型，无须封边，质感好	造价高，难修复，环保性难把控	
静电喷粉	把门板悬挂起来，通过静电吸附的方式在表面喷粉	多为亚光设计，适合搭配艺术漆	硬度高，防水，无封边条，可做免拉手	背面有小孔，硬物磕碰时易受损	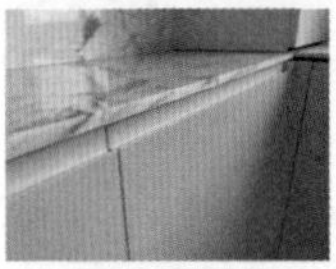
准分子板	利用准分子紫外线灯物理消光，使板材实现亚光效果	适用于无主灯设计，各个空间都适用	表面亚光，不粘指纹，抗污性好，损伤后可修复	价格高，上市时间短，未经充分检验	
亚克力	在板材表面覆盖亚克力材质，有亮面和亚光	看见实物后再下单，差的会有浓浓的"塑料"质感	易打理，防潮效果好，不易变色，寿命长	硬度低，易有划痕，耐热性略差	
模压门板	也叫吸塑门板，把PVC膜高温压贴或真空吸塑制成	大多是低端产品，适用于出租房	成本低，工期短，无须封边，可做造型	真实感差，质感不好，表面不耐磨	
实木贴皮	在基层板材上贴实木皮，保证纹理真实	追求木材纹理真实性的朋友推荐使用	木纹真实，比实木便宜，稳定性高	价格比其他饰面贵，受损后难修复	
实木门板	由实木构成，为了确保稳定性，一般都是由木块插接而成	预算高、喜欢实木质感的业主可选择	木纹真实，具有良好的吸声性	价格高，稳定性差，难打理，维护成本高	

（5）封边工艺

封边方式也会影响板材的环保性、防潮性以及美观度。

① 封边材质

常见的封边材质有 PVC、ABS 和亚克力。优质的 PVC 封边修边后的底色和表面颜色一致，光滑、不发白。ABS 封边不添加碳酸钙，修边后效果更好，质地更密、更细腻。亚克力封边比较小众，高端门板可能会用到。

●封边机

② 封边涂胶工艺

EVA 封边需要热熔，遇高温可能会开裂，胶线明显，美观度差。PUR 封边采用的是液体胶水，稳定性强，不会因温度变化

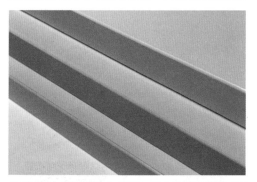

●从下到上分别是 EVA 封边、PUR 封边和激光封边

而开裂，用胶量少，胶线不明显。激光封边是利用激光融化光敏活化物，把封条黏合在板子上，无须额外涂胶，稳定好、胶线细，但价格贵，性价比较低。

（6）板材尺寸

① 板材厚度

常规的板材厚度为 18 mm，柜体和柜门大都是这个厚度。如果你对柜体的承重性要求较高或为了追求美观度，那么可以使用 25 mm 厚的板材。

背板厚度多为 5 mm 或 9 mm，也可用 18 mm 厚的背板，这样结构更稳定，也无须破坏饰面纸。但造价高，需要为布线额外开槽或前移背板，以防柜体无法靠墙。

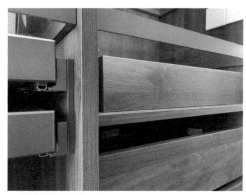

●板材厚度不同

② 板材长度和宽度

想做一门到顶设计一定要关注单板尺寸。通常进口板材尺寸为 2800 mm×2070 mm，国产板材常用尺寸为 2440 mm×1220 mm 和 2745 mm×1220 mm。

一门到顶板材为什么做不到 2800 mm？

并不是说板材长 2800 mm，门板就能做到 2800 mm 高。因为板材切割到这个尺寸只是为了装箱方便，切边会不平整，具体制作门板时上下会各切除 10 mm，所以门板高度只能做到 2750 mm 左右。

●一门到顶衣柜

（7）连接方式

板材连接方式

连接方式	特点	使用场景	图示
三合一连接件	柜体组装应用最多的一种连接件，能把板材固定牢固，后期也能轻松拆卸	多用于组装柜体，可用装饰盖遮盖露出的偏心件	
四合一连接件	偏心件孔更小，因此比三合一连接件更精致	用于柜体的组装和连接	
拉米诺隐藏连接件	价格高，安装复杂，成本高	用来连接柜体，不会露出偏心件，兼具美观度与承重性	
二合一连接件	安装完看不见螺钉，只能看见小底托	用于活动层板的安装	
隐藏式二合一连接件	由一个卡扣螺钉和一个滑扣组成，把两个五金先安装到柜体上，滑动卡牢	看不见连接件，但安装复杂，承重性也略差	

2 台面材质

台面的材质一般有石英石、岩板、大理石、不锈钢和防火板，特点如下。

台面材质对比

材质	简介	优点	缺点	图示
石英石	由天然石英石与各种材料混合而成	硬度、耐污性、耐磨能都不错，耐腐蚀，抗高温	纹理的真实性和"颜值"与价位有关	
岩板	由石英石、长石与黏土，通过高压压制和高温烧制而成	硬度高，超薄，不渗色，好打理，耐高温，花色多样	比较脆，价格贵	
大理石	直接开采出来的天然材料	质感好，每块纹路都不同，具有唯一性	价格贵，硬度不高，有缝隙，污渍渗入后难擦洗	
不锈钢	常规只是表面一层不锈钢包裹木芯，高端的是整块加厚的不锈钢	耐用，方便打理，各类污渍都不会渗入，可放热锅	"颜值"不高，易有划痕	
防火板	用实木颗粒板或密度板做基材，在表面覆盖防火饰面	耐污、耐高温，易清洁	时间长了会变形，色泽变得不真实	

- -

3 铰链的选购要点

铰链是定制家具的核心五金，如果铰链没有选对，就会影响后期的使用体验。

（1）全盖铰链、半盖铰链、不盖铰链

全盖铰链关门后柜体侧板会被完全遮盖住，半盖铰链关门后柜体侧板能露出一半，不盖铰链关门后柜体侧板是完全露出的。

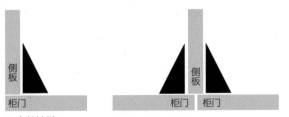

●全盖铰链　　●半盖铰链

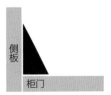

●不盖铰链

（2）无阻尼铰链、一段力阻尼铰链、二段力阻尼铰链

　　无阻尼铰链关门时会直接关上，有阻尼铰链关到一定角度后会缓缓关闭。同样是阻尼设计，也分一段力和二段力。一段力阻尼铰链无法悬停，只能打开或关门。二段力阻尼铰链可在一定范围任意停留。

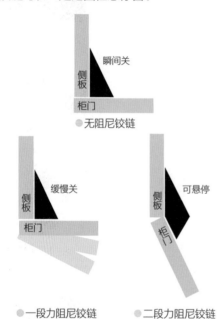

●无阻尼铰链

●一段力阻尼铰链　　●二段力阻尼铰链

（3）回弹设计——回弹器配无力铰链

　　如果你准备使用回弹器，就需要搭配无力铰链，门在开启、关闭的过程中都不会受力。还可选择回弹铰链，无须回弹器就能直接让门板回弹。

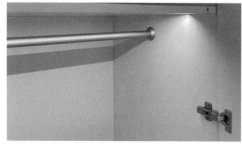

●回弹器配无力铰链

（4）90°铰链、大角度铰链

　　传统铰链的开合角度都是90°，如果你想让柜门打开更大的角度或实现转角柜门联动，则可以选择大角度铰链（135°、165°）。

●转角柜门联动

（5）铰链等级

　　很多业主在选购时只看铰链品牌，但同品牌铰链也分为不同等级。最基础的铰链底座和铰链是一体的，想拆卸门板只能拧螺钉，十分不便。稍微好点的铰链大多都是分体底座，轻轻一压按键即可卸下门板。

●可拆底座铰链（左），一体底座铰链（右）

入门级别的阻尼铰链阻尼是外置设计，高级点的则是一体式阻尼铰链，可以通过小拨片来调节阻尼。

常规都是十字底座，有两颗螺钉孔漏出，美观度不够。可以选择一字铰链，所有的螺钉都能隐藏。高端的铰链有专用螺钉，并配以专用膨胀件，可以提高铰链的牢固度。

● 一字铰链（左），十字铰链（右）

● 一体阻尼铰链（上），外置阻尼铰链（下）

小贴士

铰链要与柜体门板厚度相匹配

大多铰链都是配 18 mm 厚的常规门板。如果你家使用 22 mm 厚的加厚门板，则需要使用专用铰链，否则开门时会剐蹭。

（6）特殊铰链

特殊铰链对比

名称	简介	图示
天地铰链	主要用在玻璃门上，关门后看不到铰链	
针式铰链	多应用在玻璃门上，关门后看不见铰链，开合角度更大，方便开关门，但是需要和型材相匹配	
铰链倒装	把铰链倒着装，让门板压过两侧侧板几厘米，无须在柜体两侧安装调整板也能精准嵌入	

4 功能五金和抽屉类五金

（1）功能五金

功能五金对比

名称	特点	图示
碗碟抽	橱柜中除了可以使用骑马抽，还可以选择碗碟抽。碗碟抽内部配有支架，入门款会采用不锈钢材质加接水盘，高阶的会采用质感更好的塑料支架	
抽拉层板	收纳电饭煲、空气炸锅等小电器，平时推进去不挡路、不碍眼，使用时拉出来，不怕蒸汽会损坏柜体	
调料篮	取放调料更方便，窄调料篮可放置各种常用调料，宽调料篮能放下大桶食用油	
联动拉篮（"大怪物"）	每层深浅两个储物台，拿取方便，分区合理。空间过窄的，推荐高柜拉篮，仅需 20 cm 宽	
转角拉篮	充分利用转角空间，如果放置锅具等大件物品，则飞碟转角拉篮更好用。如果放置小物品，那么内外联动的转角拉篮收纳效率更高	
下拉篮	提高吊柜的使用便利度，各种调料和常用物品都可以放在下拉篮里	
裤架	推荐伸缩裤架，能收纳更多裤子，而且拿取方便，搭配窄衣架，还能收纳围巾和裤袜	
网篮	衣柜拉篮有细密的小孔，保证透气的同时，方便放置衣物；厨房也可以使用网篮，放置新鲜蔬菜	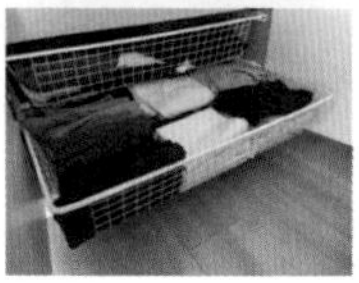

名称	特点	图示
首饰盒	现在有抽拉首饰盒成品配件，也可以在方形木盒子底部安装轨道，直接在层板上抽拉	
正挂衣架	衣物可以正着放，对柜体进深无要求的，也可增加抽拉设计，拿取时整体拉出	
下拉衣架	轻轻一拉顶层的衣物就能轻松拿取，不超过 120 cm 宽都可以找到合适的型号	
旋转鞋架	提高鞋柜的利用率，柜子足够深的，推拉鞋架也是不错的选择，仅需 1 m² 就能放下三排抽拉鞋架	
折叠门	节省空间，走道狭窄的话，推荐使用折叠门，这类五金普遍不太耐用，而耐用的高端款式比铰链贵	
移门	节省空间，轨道能隐藏，但开启时有噪声，长时间使用后手感也会变差	
拉直器	一根金属型材，通过开槽的形式嵌入门板中，可以防止超高的门板变形	
吊码	安装悬空的柜子，例如吊柜、电视柜等，吊码会通过膨胀螺栓固定到墙面，然后支撑柜子。如果你对美观度有更高的要求，还可以使用隐藏式吊码配件	
智能五金	电动抽屉、电动下拉篮、电动柜门等，提高使用便利度；护理机、智能鞋柜等设备，帮你更好地护理衣物	

（2）抽屉类五金

抽屉类五金对比

名称	特点	应用场景	图示
滚轮滑轨	价格便宜，结构简单，抽拉不顺滑，基本是无阻尼设计	多用于成品家具中，便宜的成品柜大多都是这种滑轨	
三节轨两节轨	使用频率高，品质差别大，拉出后侧面能看见轨道。三节轨和两节轨的区别是抽屉拉出的比例	装在抽屉两侧，承重性和美观度不如托底抽和骑马抽轮式	
托底抽	承重性较好，手感顺滑，轨道是隐藏式设计，还有反弹托底抽，可做免拉手设计	衣柜、家政柜等多用托底抽，安装后看不见轨道	
骑马抽	承重性好，分高抽、中抽和低抽，可以设计内抽，外观简洁，内部实用	用在橱柜和餐边柜中	

定制家具的设计与安装

1 定制柜的设计要点

（1）灯光设计

柜体照明方式对比

类型	简介	图示
柜体内部照明	灯位于层板外侧，45°斜向内打，保证开门后能看清柜内物品	
抽屉内部照明	灯同样位于层板外侧，45°斜向外打，抽屉拉出来后灯光正好照亮抽屉内部	
装饰性照明	灯位于在立板中间，垂直向内打光，正好照亮装饰物	
上下照明	两侧打光会被挡住时，可以把灯设计在层板最内侧，然后上下打光，照亮物品	
氛围灯光	把灯设计在柜子内侧，向外打光，既不会照亮灰尘，又可以让柜体拥有悬浮感	

柜内灯开启方式对比

类型	简介	图示
触摸按键	最保险的开启方式，通过按键控制灯光的开启	
开门感应	柜门开启时灯光就会自动亮起	
人体感应	感应到人体的移动后灯会自动开启	
外置开关连接	通过前期接线的方式，柜内灯光也可以通过墙壁开关进行控制，还能直接把灯光接入到智能家居中	

（2）拉手设计

拉手对比

方式	特点	图示
外置拉手	无须提前处理，安装时直接在门板拧上螺钉，可以自己采购，安装难度小	
内置拉手	需要提前开槽，既可以嵌入门板，也可以嵌入柜体，最好选品牌自有拉手	
型材拉手	如G形拉手、F形拉手等，长短可随意裁切，十分灵活	

方式	特点	图示
门板铣槽	在门板上直接铣槽，利用门板做出免拉手设计	
弹跳设计	通过弹跳器来实现按压式开启，超高门板要用长弹跳器，短门板用短弹跳器	
门板加长	如果门板附近有开放格，则可以直接把门板做长一点，用长出的部分做拉手	
斜切设计	借助45°切角的拉手来实现，部分厂家的板材也可以做45°切角	

（3）细节设计

① 内推原则

为了让柜子更有层次感，层板可以内退2 cm，抽屉把手尽量和层板齐平，抽屉旁板再内推2 cm，让抽屉面板略大盖过旁板收边。

●层板、抽屉内退2 cm

② 跳色原则

柜体和柜门颜色可以做跳色设计，例如柜门用纯色，柜体用木纹色来进行跳色，让柜体更有设计感。

●柜门、柜体跳色设计

③ 纹路走向

如果你使用了木纹板，则要关注木纹的纹理走向。通高门板建议使用竖纹，抽屉面板建议用横纹，让木纹的整体效果更好。

●抽屉横向纹路

●海棠角工艺

④ 收口细节

对收口细节的处理是高端和低端定制柜最大的区别。例如封板外露会比较丑，可以让封板内缩，利用柜门盖住上下封板。

⑥ 衔接细节

定制家具并不是孤立存在的，还要考虑柜体与硬装的衔接，例如双眼皮吊顶直接和柜门衔接会影响柜门正常开启，因此需要柜门整体下落或转角避开。

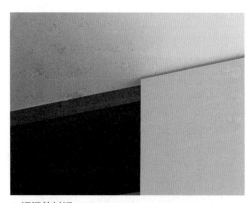
●柜门盖封板

⑤ 转角细节

柜子有转角又不想露出板材封边和厚度，最简便的办法是在转角衔接处使用各类海棠角进行碰尖。

●柜门与吊顶衔接良好

2 定制柜的安装与验收

定制柜的安装流程

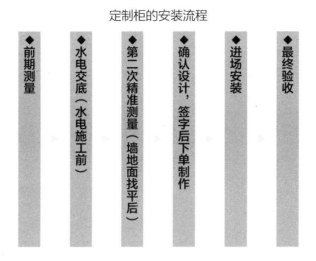

◆ 前期测量

◆ 水电交底（水电施工前）

◆ 第二次精准测量（墙地面找平后）

◆ 确认设计，签字后下单制作

◆ 进场安装

◆ 最终验收

（1）前期测量

厂家在测量时最好能使用水平仪，提前确认墙面是否垂直，防止后期柜子安装时缝隙过大，也能明确缝隙不一的责任。

（2）设计确认

设计结束后要确认板材颜色和五金型号，一定要在合同中写明。条件允许的话，柜门和柜体的材料可以留个小样块，以便后期核对。

（3）板材验收

板材到家里后第一时间检查板材的型号（颜色）是否正确。其次检查板材本身，要无崩边、划伤，封边条的修边工整，封边外侧无胶印，全部裸露面都要封边。最后检查五金是否配套到位，板材的打孔最好标准化，所有孔位尽量预打孔，并且提前加工出来灯槽，提前装嵌入式拉手、拉直器。

（4）最终验收

柜子安装完毕后一定要检查各种收口是否安装到位，门缝是否横平竖直，以及所有开门、抽屉、功能五金是否顺滑，保证门板没有磨损。

定制家具的工序繁多，再加上安装环境复杂，再正规的厂家也很难保证每次都没问题，因此定制柜安装时出现后期补板、换板的现象，十分正常，只要厂家及时处理就好。

3 定制柜的计费方式

定制柜常用的计费方式有两种：按投影面积计费和按展开面积计算。橱柜以及进口品牌的计费方式又有不同，我给大家用表格总结出来。

定制柜的计费方式

类型	计算方式	优点	缺点
按投影面积计算	正面投影是多少，就按照多少钱计算	简单明了，大多数消费者都能看懂	柜子简单，层板少，用这种方式不太划算
按展开面积计算	把所有用到的板材面积进行累加，工厂端和店面结算时使用	计算精准，柜子复杂就更贵，柜子简单就便宜，能避免模糊区域的累加	大多消费者都看不懂，因为板材展开后的报价太复杂
橱柜计费方式	橱柜按延米计算，吊柜、地柜和台面都分开计算，高柜按照投影面积来计算	简单明了，能快速计算出自家厨房所用的米数和价格	吊柜用得少，地柜用得多，吊柜和地柜价格比例不合理，容易被"坑"
进口品牌计费	按组计费，会有几种标准高度和宽度，每组模块的价格不同	容易算出具体价格，稳定性高	比投影面积计算价格高，尺寸稍不合适就要增加费用
设计品牌计费	有很多品牌讲究设计感，会把你家的整体方案导入系统中，系统会自动算出价格	自由度高，细节也很到位，毕竟定制并不能单看材质	谨慎选择，价格谁都算不明白

小贴士

全屋定制的避"坑"小技巧

第一，警惕套餐价格，套餐中往往都是入门级产品，想要满足使用需求，通常需要额外付费。

第二，注意转角位置的计算和柜门减除，有的商家往往会重复计算柜子的转角，一个转角收两次钱；而开放格不需要柜门和五金，商家会按正常投影面积计算。因此，要记得减除柜门部分的费用。

第三，五金虚高，有的商家先用低端五金计算价格，后期再忽悠你加钱升级。单看一个铰链可能加钱不多，但铰链的总数量比较多，全屋下来也是一笔不小的费用。

小专栏

三种非标柜体的制作方式

除了通过定制家具的方式制作柜体外，也有其他方式可以选择，这里就聊几种目前应用较多的方式。

◎金属置物架

前期在墙上固定几根竖轨，就可以把各类配件自由安装上去，适用于衣帽间、储物间等隐蔽空间。这种方式灵活度高，成本低，配件的高度和种类都可以随时调整，但无柜门会显得杂乱。

● 金属置物架衣柜

◎砖砌柜

多孔砖起地台，用钢架做框架，瓷砖中间夹水泥砂浆做立板，台面则需要铺钢筋。这种方式成本低，环保性好，但个人不推荐，原因是成品效果全看师傅手艺。

● 砖砌橱柜

◎不锈钢柜

使用不锈钢来制作柜体和柜门，高端的"颜值"、功能都不错，但价格很贵。这种方式不怕水，不怕火，也不易变形，比传统橱柜更耐用。缺点是档次差距大，而且五金适配种类少。

● 不锈钢橱柜

附录 1　电器安装表

电器安装表

项目	前期预留	自备物料	安装要点	图示
前置过滤器	下水	—	水槽下方用三通接下水，还可以装在有地漏的公共管道井	
反渗透净水器	插座、下水	下水三通	建议将插座安装在水槽下方，橱柜装完后再安装	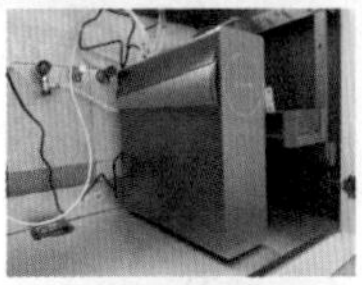
软水机	插座、下水	密封胶	需要注意 2 根下水管的密封处理，并且留出后期加软水盐的开口	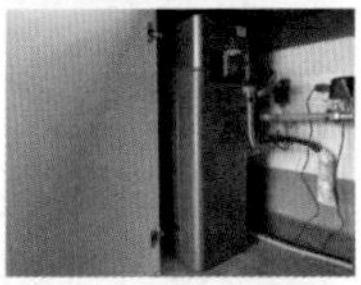
管线饮水机	插座、净水管路	PE 管	直接预埋 4 分 PP-R 管，两头转接 PE 管	
燃气热水器	插座、烟管、燃气管、冷热水管	2 个球阀、波纹管、燃气管、排烟管	球阀和密封圈内径要匹配，插座可倒着安装，减少弯折	
电热水器	16 A 插座、冷热水管、承重墙	角阀、波纹管	打膨胀螺栓挂在承重墙上，插座和机器都要做接地处理	
抽油烟机、灶具	插座、燃气管、排烟孔	止逆阀、悬挂调节器	集成灶的排烟孔在下方，传统抽油烟机的排烟孔在上方，需预埋止逆阀和烟管。烟管转弯尽量少于 3 个，长度小于 3 m	
冰箱	将插座留在侧面	—	静置 4 小时以上再通电，防止压缩机损坏。提前了解冰箱的散热方式，留出足够的散热空间	

续表

项目	前期预留	自备物料	安装要点	图示
洗碗机	插座、下水留在侧面、上下水	分水阀、角阀、下水三通	高度若受限，则部分洗碗机可拆除顶盖	
垃圾处理器	插座	变径器、下水三通	确认水盆下水口的尺寸，以及是否用变径环。确认开关种类，空气开关需在台面上打孔，无线开关可随意粘贴	
蒸烤箱	插座、16 A 插座	—	插座不要留在背面，柜体不能加背板，层板后部不能封死，应预留散热空间	
电视机	普通插座或信号源	电视机支架	保证调平，不能左右倾斜。50 管不要留在电视机正后方中心点，防止影响挂架安装	
空调	插座、排水口、室外机机位	漏电保护器、排水管	注意室外机机位，抽真空时要参考说明书，保证抽真空的时间足够	
洗衣机	插座、上下水	专用龙头	调平，安装前拆掉机器背后的滚筒固定螺钉，否则一开机，洗衣机会原地乱蹦	
烘干机	插座、下水口	三通地漏连接件	预留下水，烘干衣物后不必再倒水，可利用三通和洗衣机共用一个下水	
投影仪	插座、HDMI 线	HDMI 线	安装时注意投射比例，防止出现幕布投不满的情况	

附录 2 装修预算表

装修预算表

序号	项目	分项	单位	数量	预算单价	预算总价	品牌型号	结算价格	备注
一、前期设备（开工前需订购）									
1	空调	空调、中央空调、风管机							
2	新风系统	新风系统							
3	封窗	封阳台、全屋换窗							
4	暖气	地暖或暖气							
总计									
二、硬装施工									
1	拆除费	建议单独找人							
2	钢结构	不一定用到							
3	清工辅料	详见"清工辅料表"							
4	美缝剂或环氧彩砂	单独收费							
总计									
三、主材配件									
1	防盗门	可不换							
2	玻璃胶	全屋使用							
3	乳胶漆	全屋墙面							
4	其他涂料	墙纸、硅藻泥、微水泥							
5	瓷砖	墙砖、地砖							
6	地板	地板、地板上墙							
7	踢脚线	踢脚线							
8	门槛石或压边条	地面不同材质衔接							
9	室内门	门＋门锁＋门吸							
10	吊轨门	吊轨门							
11	玻璃门	玻璃门							
12	地漏	地漏							
13	强电箱	可不换或仅增加							

续表

序号	项目	分项	单位	数量	预算单价	预算总价	品牌型号	结算价格	备注
14	开关	是否为智能							
15	插座	全屋插座							
16	角阀	角阀、三通							
17	止逆阀	止逆阀、隔声棉							
18	灯具型材	磁吸轨道灯、灯带型材							
19	吊顶型材	吊顶型材							
20	空调风口	预埋风口							
总计									
四、定制家具									
1	玄关	鞋柜、衣柜							
2	厨房	橱柜、中岛							
3		水槽、龙头等							
4	餐厅	餐边柜							
5	卧室	衣柜							
7	阳台	家政柜							
8	卫生间	浴室柜							
9	其他空间	杂物柜							
总计									
五、成品家具									
1	餐厅	餐桌							
2		餐椅							
3		餐边柜							
4	客厅	沙发							
5		边几							
6		电视柜							
7		单椅							
8	主卧	床							
9		床垫							
10		斗柜							
11	次卧	床							
12		床垫							
总计									

续表

序号	项目	分项	单位	数量	预算单价	预算总价	品牌型号	结算价格	备注
六、卫浴洁具									
1	卫生间（根据数量灵活增减）	洗手盆、镜子、龙头							
2		坐便器或智能坐便器							
3		花洒							
4		淋浴隔断							
5		浴缸							
6		喷枪							
7		五金挂钩							
总计									
七、软装配饰									
1	灯具	吊灯、壁灯							
2	窗帘	纱帘、布帘							
3	配饰	挂画、摆件							
4	绿植	龟背竹、幸福树							
总计									
八、各类电器									
1	厨房	前置过滤器							
2		反渗透净水器							
3		软水机							
4		管线机							
5		热水器							
6		抽油烟机、灶具							
7		冰箱							
8		垃圾处理器							
9		洗碗机							
10		蒸烤箱							
11		其他小电器							

序号	项目	分项	单位	数量	预算单价	预算总价	品牌型号	结算价格	备注
12	客厅	电视机							
13		投影仪							
14		幕布							
15		音响							
16		智能窗帘							
17	卫生间	暖风机							
18		智能坐便器							
19		智能镜							
20	阳台	洗衣机							
21		烘干机							
22		电动晾衣架							
23	玄关	电子锁							
24	清洁类	扫地机器人							
25		吸尘器							
26		洗地机							
27	环境类	除湿器							
28		加湿器							
29		风扇							
30		空气净化器							
31	智能类	摄像头							
32		屏幕							
33		各类传感器							
34		网关							
总计									
九、未知增项									
1	厨房	改燃气管道							
总计									
总花费									

附录3 清工辅料表

清工辅料表

序号	工程	单位	单价	数量	合计	备注
一、拆除和新建墙体						
1	拆除、砸墙	平方米				墙体拆除 + 垃圾清运到小区指定位置，不含垃圾外运费
2	新砌墙体	平方米				材质不同，价格不同
3	墙面挂网布	平方米				含破坏处抹灰石膏找平
4	包管	根				砌墙、抹灰
二、水电施工						
1	水管安装	米				明确管径粗细、品牌、型号
2	PVC 下水改造	米				明确管径粗细
3	电线明装铺设	米				明确线径粗细和品牌型号
4	电线开槽铺设	米				有时会分混凝土墙和砖墙
5	底盒安装	个				明装底盒和暗装底盒，有时价格不同
6	开关、插座安装	个				一般按个数计算
7	射灯安装	个				一般按个数计算
8	灯带安装	米				一般按米计算
9	吊灯、壁灯安装	个				一般按个计算，价格差异大
10	弱电改造	米				按网线类型进行收费
三、木工						
1	单层石膏板平面吊顶	平方米				按平方米收费，明确石膏板和龙骨品牌型号
2	双层石膏板平面吊顶	平方米				按平方米收费，明确石膏板和龙骨品牌型号
3	窗帘盒制作	米				按米收费，明确石膏板和龙骨品牌型号
4	检修口或风口框架制作	项				按个数收费
5	磁吸轨道灯基层处理	米				按米进行收费
6	灯带基层处理	米				按米进行收费
7	直线跌级吊顶费	米				按米进行收费
8	顶面特殊造型	米				按米进行收费

序号	工程	单位	单价	数量	合计	备注
9	石膏素线	米				按米进行收费
10	墙面石膏板找平	平方米				按平方米进行收费
11	石膏板隔墙	平方米				按平方米进行收费
12	欧松板衬底	平方米				按平方米进行收费
四、瓦工						
1	水泥砂浆找平、找方	平方米				新房有时可以省略
2	涂刷防水	平方米				薄弱处均匀涂刷，涂刷 3 遍防水材料
3	铺地砖	平方米				铺贴人工物料（根据砖大小、拼花和铺贴方式价格不同）
4	铺墙砖	平方米				铺贴人工物料（根据砖大小、拼花和铺贴方式价格不同）
5	瓷砖碰尖	米				有时会含在铺砖费用中
6	壁龛制作	项				价格较高
五、油工						
1	门窗洞找平、找直	平方米				人工测量→弹线→涂刷界面剂→进行阴阳角塑形找正
2	铲除原墙皮	平方米				铲墙皮
3	涂刷墙固	平方米				刷墙固
4	墙面找平、找直	平方米				涂刷 2～3 遍腻子，打磨平整
5	涂刷乳胶漆	平方米				一遍底漆、两遍面漆，明确乳胶漆品牌型号
六、其他						
1	材料运输及搬运费	平方米				材料自库房运至工地现场，不含上楼费
2	垃圾处理保洁费	平方米				从装修点运至小区内指定地点，不含垃圾外运费用
3	现场成品保护费	平方米				现场采用保护膜保护，不含硬质保护
4	工程管理费	项				一般为直接费用的 10%～15%
5	方案设计费	项				一般可减免
6	其他费用	项				洗手盆、镜子、淋浴、花洒、坐便器
合计						

致谢
Acknowledgements
（排名不分前后）

卓尔设计、择谷设计、帕瓦力、舟不离设计、小白的装修设计、林的灯光笔记、套套屋、老着急、李杨、周聪、齐大圣、五毒姐姐、猪扑啦、火星哥、朱先生的家、Kiko0208、喵喵百万的独居生活、颜东方、徐州、zouzoulong、逆时针、韩昊、泽与美学、梁枫、抹茶卷、如沐软装

泥之韵、独白木门、简森定制家居、生活家木地板、尧舜石材、恒洁卫浴、德国高仪、瑞士吉博力 Geberit、KA 卫浴、生野安室、源氏木语、施林博格、百色熊涂料、名涂漆匠、青岛蓝海工长装饰、铸匠精工、住范儿

欧瑞博智能家居、FOTILE 方太、COLMO、卡萨帝、雷鸟、明基、贝克巴斯、创米小白、石头科技、Aqara 绿米、舒乐氏、西顿照明、施耐德、Cinemaster 影音大师